LE TRÉSOR

DES

CULTIVATEURS

OU

LE MÉDECIN VÉTÉRINAIRE CHEZ SOI

PAR

J.-M.-Th. CASTEX, médecin-vétérinaire.

Cognac

Imprimerie Gustave BÉRAULD, rue de l'Ile-d'Or, 31

1871

AVERTISSEMENT

Dans ce livre éminemment pratique, l'auteur s'est attaché à dire beaucoup de choses en peu de mots.

Dans ses études, il embrasse les maladies de tous les animaux de la ferme : du bœuf, du cheval, du mouton, du porc, du chien et jusqu'à celles de la volaille.

Des indications, garanties par l'expérience, mettent le lecteur en mesure de connaître clairement l'espèce de maladie qu'il peut avoir à soigner. Les moyens les plus prompts et les moins coûteux de combattre les diverses affections sont indiqués, à leur place, avec le soin le plus scrupuleux. C'est la partie essentielle du livre.

A cet abrégé de l'art vétérinaire, l'auteur a joint de nombreuses figures qui donnent à l'ouvrage un intérêt tout nouveau. Les unes représentent les défauts, ou tares du cheval, et donnent à l'acquéreur dépourvu d'expérience le moyen de reconnaître, à première vue, les fraudes employées par la mauvaise foi.

Les autres indiquent, selon les races, les signes propres à faire connaître, à coup sûr, les meilleures vaches laitières; c'est-à-dire celles qui, fraîches vêlées, donnent 12, 14, 16, 18, 20 et jusqu'à 24 litres de lait par jour, qui le gardent longtemps et le font très bon.

Cet aperçu dénote que l'auteur n'a rien négligé pour intéresser et se rendre utile.

A une époque où les diverses connaissances, mises à la portée de tout le monde, se propagent et deviennent un besoin, ce petit livre manquait encore: l'agriculteur le réclamait au nom de ses plus chers intérêts, l'instituteur de la campagne le désirait pour lui autant que pour ses élèves; ce vide n'existera plus.

Et, parce que ce petit traité est destiné à toutes les intelligences, les matières qu'il contient sont mises à la portée de tout le monde. Les termes scientifiques, employés ordinairement par les hommes de l'art, sont conservés, comme il convient sans doute, mais ils sont accompagnés de mots connus qui les expliquent. En un mot, c'est la science prenant un langage ordinaire et demandant sa place au soleil avec bonne foi et sans charlatanisme.

AVANTAGES ET NÉCESSITÉ
d'augmenter la multiplication des animaux dans la ferme.

Jamais on n'avait senti, comme de nos jours, le besoin de favoriser la multiplication des animaux domestiques. Elle est, en effet, de la plus haute importance pour les agriculteurs, parce qu'un bétail nombreux dans la ferme est le corollaire forcé d'une bonne méthode agricole.

C'est une vérité claire, qu'avec un bétail nombreux, et qu'avec beaucoup de fumier, on peut obtenir de la terre tout ce qu'on veut; sa fertilité n'ayant, pour ainsi dire, pas de bornes, et il est en France et ailleurs des fermiers qui, avec du fumier, obtiennent d'un seul hectare de terre ce que d'autres obtiennent à peine de cinq hectares, parce que l'engrais est insuffisant.

Cette thèse est pleine de vérités, car il est parfaitement reconnu par les cultivateurs intelligents et de bonne foi, qu'une ferme, avec un nombreux bétail, donne de plus gros revenus qu'une ferme où il y a peu de bétail, parce que la terre améliorée par les prairies artificielles et par les fumiers, produit davantage sur une surface moindre, et on a encore un gain sérieux sur les animaux.

D'après ce que nous disons-là, dont l'évidence

saute aux yeux, on peut dire, sans se tromper, que le propriétaire riche en bétail est riche en écus; et qu'au contraire, une ferme dépourvue de bétail est fatalement frappée de stérilité et son cultivateur condamné à la peine sans profit.

A ces affirmations irréfutables se joignent des considérations de la plus haute importance, au point de vue de l'économie générale, politique et hygiénique. Les bornes que j'ai fixées à ce modeste travail ne comportent pas les détails étendus dont ces graves questions seraient susceptibles ; ces détails m'écarteraient même du but spécial que je me propose. Je vais seulement indiquer les aperçus sommaires qui suivent.

1° Dès avant la guerre qui vient de nous accabler, les terres si fertiles de notre belle France manquaient de bras et de culture, elles étaient loin de lui donner ce qu'elle avait droit d'en attendre, c'est-à-dire le double ou le triple de ce qui lui est nécessaire pour nourrir très confortablement ses habitants. Oui, les bras manquaient aux champs, parce que les mesures imprévoyantes et impolitiques auxquelles on s'attachait pour l'embellissement des villes, attirait à Paris et ailleurs, par l'appât plus trompeur que réel des grosses journées, nos ruraux imprudents.

Le journalier des champs gagnait ses trente sous. C'était peu, mais il avait chez le patron, pain de froment, pitance de famille et du bon vin, et comme fruit de ce régime il jouissait d'une santé robuste; il avait sous ses yeux, sa femme, ses enfants, des voisins, des amis. Il avait un chez lui, un mobilier de linge blanc et propre: presque tous les travailleurs pouvaient dire, en se rendant au chantier du gros bourgeois: Voici mon petit champ à moi, voici ma vigne ; car moi aussi je suis propriétaire et..... éleveur... Voyez ma fille avec son ouaille et deux agneaux. Ça fait du fumier. Oh ! *Fortunatos nimium.....*

Oh ! habitant de la campagne que ta vie est heureuse et pure ! que n'es-tu resté rural; insensé ! Tu as laissé le hameau , le village frais et tranquille pour aller te perdre sur les pavés de Paris.

Oui, ils se sont laissés allécher, ces ouvriers de la campagne, on leur disait: A Paris, à Marseille, à Lyon , le plus mince ouvrier gagne cinq francs par jour, beaucoup gagnent double, on ne travaille que douze heures. On a le droit de gourmander le patron, de le haïr, de le maudire , de le ruiner en se mettant en grève dans un moment critique, que des meneurs tarés saisissent à propos. Le soir on peut se promener avec la pièce de cinq francs, on a moyen de bambocher et de fréquenter les mauvais lieux; puis, si l'argent vient à manquer, ce qui arrive souvent, on est réduit à la misère...

Voilà la condition et le triste résultat de l'abandon des champs de la part des jeunes gens nés pour la culture. Ceux, au contraire, qui ont choisi l'honorable métier de leurs pères, ont toujours vécu dans une honnête aisance; mais ceux qui ont voulu goûter de Paris, de Marseille, de Lyon et de leurs vices, se sont perdus dans la misère et la honte...

Que nos ruraux , nos honnêtes ruraux ne s'y laissent plus prendre, qu'ils gardent leurs beaux noms de campagnards sans s'émouvoir du petit ton narquois qu'un citadin ignorant et décrépit y attache. Ils comprendront, ces ruraux positifs, qu'ils ont entre les mains, et avant tout, les éléments du salut de la France , et c'est en s'appuyant sur les bras de ces solides et vigoureux campagnards qu'elle se relèvera noblement et promptement de son abaissement momentané ;

2° Les hommes de l'art ont remarqué chez nous, dans la génération actuelle, un mal inquiétant, qu'ils attribuent en partie au dérèglement des mœurs, les tempéraments s'affaissent ; en général, l'état sanitaire est languissant. Dans tous les corps d'état on éprouve l'impérieux besoin d'un régime confortable et restaurateur. La viande de toute nature est le fondement normal et indispensable d'un tel régime. Or la viande est chère et hors de prix. Les Prussiens ont pris nos troupeaux et ont mangé nos bœufs, et ceux que leurs dents de loup n'ont pas dévorés, ils les ont empoisonnés en important, sous nos climats si purs, la peste bovine qui infectait leurs parcs ! Quel vide à remplir après leur passage.....

C'est là votre rôle, habitants de la campagne, aussi bien que votre profit. C'est chez vous, dans vos champs, dans vos prés, que s'engraisse le bœuf que l'on mange à Paris et ailleurs. Engraissez donc, ravitaillez la boucherie et forcez les consommateurs à dire du bien de vous.

Les bêtes de travail vous manquent, ce sont pourtant, pour vous, des aides nécessaires. Faites donc en foule des élèves, c'est-à-dire des amis de vos bras et de vos bourses. Faites en foule des élèves et par cette habile industrie, vous retiendrez chez vous cet or trop rare qui nous manque, qui passe à l'étranger pour lui payer des chevaux qu'il nous vend trop cher et que nous trouverons bientôt, si vous voulez, dans nos vallons, dans nos prairies. Nous achetons à l'étranger, même du pain. Quelle honte ! Nous qui pouvons, si nous voulons, faire mieux qu'aucune puissance de l'Europe : mieux que l'Angleterre elle-même, car elle n'a que 31,740,600 hectares de terre, où elle fait naître, élève et engraisse 3,000,000 de chevaux, 16,000,000 de bêtes à cornes et 57,000,000 de moutons ; tandis que la France a 52,768,618 hectares de terre , et elle n'a que 3,000,000 de chevaux, 10,000,000 de bœufs et 32,000,000 de moutons ; ajoutons à cela que les races anglaises, améliorées, sont d'une valeur bien supérieure aux nôtres. Quelle honte encore !

Cette infériorité de notre production animale, nous ne pouvons l'attribuer qu'au défaut de connaissances spéciales en agriculture et en économie du bétail. Nous devons également l'attribuer à nos institutions qui ont si bien favorisé les progrès de l'industrie manufacturière et trop négligé l'industrie agricole , source première de la richesse nationale.

Cet état de choses provient sans doute de ce que nous ne sommes pas assez éclairés sur la manière d'élever les animaux, de les apprécier, de les croiser ou accoupler, et surtout de les conserver en santé. Les gouvernements divers que la France s'est donnés, eux-mêmes, malgré les puissants moyens dont ils ont pu disposer , n'ont pas eu de principes arrêtés. Ils n'ont eu que des doutes sur les bons procédés de perfectionnement des animaux, sauf pourtant dans les bergeries nationales. Cela prouve qu'on manque autant par la science théorique que par l'étude des faits pratiques bien observés sur l'emploi des types améliorateurs choisis en France ou à l'étranger. On ne connaît pas assez les lois de la nature , ou celles des circonstances économiques qui doivent nous faire choisir telle race pour tel climat, pour tel genre de culture , de commerce, d'industrie locale, etc., etc.,

Il est pourtant des hommes en France, les vétérinaires, observateurs habiles qui auraient pu
éclairer ces questions par leurs communications,
mais on les a forcé à l'isolement et on a mis à la
.tête des établissements hippiques et autres, des
hommes étrangers à la science, incapables de pénétrer au-delà de la peau du cheval. Et alors, la
science que les vétérinaires ont acquise, par l'é-
tude et la pratique, a été perdue pour le progrès.

Allons, habitants de la campagne, trouvez votre
pain chez nous, trouvez du blé pour en vendre et
rattrapez ainsi nos écus exilés. Vengez..., vous
seuls pouvez le faire, vengez l'antique réputation
du pays qui produit toute espèce de riches den-
rées. Arrachez de notre sol ces belles richesses
qu'il renferme, ces grands trésors que la paresse,
l'erreur, l'ignorance et surtout la mauvaise politique de nos ci-devant gouvernants, ont laissés en-
dormis et enfouis. Réveillez-les, faites du bruit!
et d'abord, que le pâtre se lève dès le matin, et
qu'il chante gaîment:

> Ses bœufs, ses veaux, sa vache nourricière
> Et sa cavale poulinière
> Et son poulin.....

Travaillez!

Que la jeune fermière fasse aboyer son chien
pour écarter les loups! Qu'elle chante à son tour:

> Sautez agneaux, paissez moutons!
> Et, vite croisse votre laine!
> Voici l'hiver ; et pour sa peine,
> Lucette aura vos épaisses toisons.

LE TRÉSOR DES CULTIVATEURS

OU

LE MÉDECIN VÉTÉRINAIRE

CHEZ SOI

DE L'IRRITATION.

On nomme *irritation* en médecine un amas de sang dans une partie du corps animal. Cet amas de sang cause une espèce de sensibilité qui va quelquefois jusqu'à la douleur.

Ce cas est de peu d'importance et disparaît presque toujours sans traitement.

DE L'INFLAMMATION.

On nomme *inflammation* une accumulation de sang beaucoup plus forte que dans l'irritation, cette accumulation de sang, soit qu'elle se fasse à l'intérieur, soit qu'elle se fasse à l'extérieur, cause ordinairement, dans la partie où elle a lieu, *rougeur, chaleur, douleur, tumeur.* Ces quatre caractères, ou trois d'entre eux seulement, caractérisent bien ce qu'on nomme l'inflammation.

Or donc, toutes les fois que dans une partie quelconque du corps il y aura *rougeur, chaleur, douleur et tumeur*, il y aura inflammation.

Cette inflammation peut se terminer de quatre manières, savoir :

Par la *résolution*, c'est-à-dire, qu'elle disparaît sans traitement, ou par l'application de remèdes efficaces, par la *suppuration*, par la *gangrène* ou par l'*induration*.

Chacune de ces terminaisons a, pour l'obtenir, un *traitement* particulier, suivant la nature de la partie malade.

Si l'inflammation apparaît, par exemple, sur une partie de la surface du corps, on la combat par des lotions émollientes de graine de lin, de mauves, de guimauves, prolongées et réitérées, ou par des cataplasmes faits avec ces mêmes substances : ou bien encore par des onguents et des pommades adoucissants tels que l'onguent *d'althea*, l'onguent *populeum*, l'onguent de la *mère*, l'onguent *basilicum* cantharidé, ou non cantharidé.

Si l'inflammation existe, au contraire, dans l'intérieur du corps, dans le poumon, dans la plèvre, dans le cœur, dans l'estomac, dans les intestins, dans les reins, la vessie, etc, on emploie, en boissons, la graine de lin, la guimauve, l'orge miellé, le chiendent, la réglisse, etc., etc.

Au reste, nous indiquerons plus loin et avec soin, à mesure que nous parlerons de la maladie de chacune des parties du corps, la manière d'employer ces substances et leur quantité soit en tisanes, soit en cataplasmes ; de cette manière nous faciliterons le travail à nos lecteurs et leur procurerons l'immense avantage de pouvoir appliquer eux-mêmes le remède au mal qu'ils désirent combattre.

C'est-à-dire que chacun pourra soigner ses animaux avant l'arrivée du vétérinaire.

MALADIES DES CHEVAUX.

Angine *(mal de gorge.)*

L'*angine* est une inflammation des parties qui composent le fond de la gorge; l'*arynx*, *pharynx*, etc.

SIGNES : On connaît qu'un animal est atteint d'une angine lorsque sa respiration est gênée, et qu'il éprouve de la difficulté à avaler les aliments et les boissons, qu'il tousse souvent et qu'il a la fièvre (celle-ci peut quelquefois ne pas exister).

TRAITEMENT : Au début de la maladie, faites une saignée au cou, à la veine jugulaire, puis donnez 2, 3 fois par jour une tisane faite comme suit :

    Prenez graine de lin. . . . . . 1 assiettée.
        carottes coupées menu. . . 4 poignées.
        bouillon blanc. . . . . 2 fortes poignées.

Faites bouillir le tout dans 8 à 10 litres d'eau pendant 15 à 20 minutes dans une marmite. Cela fait, laissez refroidir jusqu'au tiède et donnez de cette tisane à l'animal, 4 litres le matin à jeun et le reste dans la journée. Donnez-lui aussi de l'eau blanchie avec du son, ou de la farine d'orge ou de blé, s'il en veut.

Il faut aussi gargariser 2, 3 fois par jour la bouche de la bête.

Pour cela prenez :

    Orge. . . . . 2 poignées.
    Plantain mâle . . . . 1 poignée.

Faites bouillir dans 2 litres d'eau, pendant un quart d'heure, retirez du feu, et ajoutez fleurs de roses ou feuilles de ronces, 1 poignée et 1 verre de miel; à défaut de feuilles de ronces, on peut mettre de l'alun de roche 30 grammes. Le *gargarisme* ainsi préparé, faites un pinceau garni de linge fin, imbibez-le de la composition ci-dessus et lavez-en souvent la bouche du malade.

Si le mal de gorge est très fort, ce qui arrive presque toujours, et que les glandes de dessous la gorge soient engorgées, il faut les envelopper d'une peau de mouton, ou d'un petit matelas de laine pour les tenir chaudes et les oindre d'onguent *vésicatoire*. Cet onguent amènera la suppuration dans les 3 ou 4 jours de son application.

La grosseur de dessous la gorge étant devenue molle, ce que l'on sent parfaitement bien en la pressant avec le doigt, on la perce avec un bistouri ou un canif. Aussitôt percée, la matière purulente s'écoule. Cependant, il arrive quelquefois que le pus ne sort pas vite, alors, il faut presser la grosseur pour faire sortir le pus. Cela fait, on met un peu de filasse enduite d'onguent *basilicum* dans le trou pour compléter la guérison qui a lieu ordinairement après 8 à 10 jours de traitement.

Aphtes *(mal à la bouche).*

On nomme *apthes* des petits ulcères ou plaies qui viennent à la bouche des animaux.

Traitement : Prenez vinaigre. . . . . . 1 litre.
Sel de cuisine. . . . . 1 poignée.

Mêlez et trempez un pinceau garni de linge fin dans le liquide, promenez-le dans la bouche de l'animal, en ayant bien soin de toucher les ulcérations.

On peut encore se servir avec avantage de la composition suivante :

Eau. . . . . 50 grammes.
Miel. . . . . 1 verre.
Eau de Rabel . . . . 10 grammes.

Mêlez le tout et lavez 2, 3, 4 fois par jour la bouche de l'animal (comme il est indiqué plus haut.)

Anthrax, *(bubon, charbon)*.

L'*anthrax* ou *charbon* est un bouton de maligne nature qui vient sur une partie quelconque de la face extérieure de l'animal ; il est causé par la piqûre envenimée d'une guêpe, d'un moustique, d'une mouche ou d'une pointe d'instrument qui a trempé dans un pus de mauvaise nature.

Ce bouton d'abord enflammé passe vite du jaune au noir, on le dit alors charbonné ; dans cet état, il communique promptement son virus à la circulation du sang, de telle manière que la viande des animaux morts ou abattus, à la suite de cette maladie, communique à son tour l'infection et la mort à ceux qui en mangent, ou qui, ayant des écorchures aux mains, manieraient les animaux atteints de cette maladie.

Signes : L'animal qui en est atteint est triste, abattu, comme hébété, il a les yeux ternes, le pouls est faible et s'efface. La bête a une grande soif, elle se couche et ne se relève plus.

Ce bouton ou grosseur se développe ordinairement au poitrail, aux cuisses et à la langue, sur les surfaces, enfin, les plus fréquentées par les insectes.

Traitement curatif : Quelle que soit la forme qu'affecte le *virus*, quel que soit le lieu qu'il occupe à l'extérieur du corps, il faut le détruire partout où il se trouve, et c'est à cette condition qu'on peut empêcher la mort ; le fer rouge et l'ammoniaque liquide combattent victorieusement l'action du virus charbonneux, le fer rouge, est en effet, le moyen héroïque par excellence, car il dessèche les tissus à mesure qu'il brûle, il absorbe et volatilise une grande quantité de sérosité, ce qui est fort important.

En conséquence, lorsqu'une tumeur charbonneuse se développe chez un individu, qu'elle provienne d'une maladie accidentelle ou d'une maladie régnante épizootique ou endémique, il faut la cerner et la traverser sans retard aucun, par de grandes incisions, pour faire écouler la sérosité, puis promener le fer rouge, chauffé à blanc, dans toute son étendue et sous la peau. Si on n'a pas à sa disposition le fer rouge, on commence par appliquer un cataplasme fait avec du son, du sel et du vinaigre très fort, en attendant qu'on puisse appliquer le fer rouge. Ce grand moyen ne détruira pas toujours tout le *virus*, alors, il faut provoquer une réaction énergique dans les chairs, tissus, pour empêcher l'invasion des partie saines.

A l'intérieur il faut employer l'ammoniaque à la dose de 15 grammes dans un litre de vin.

Pour le cheval. . . . 15 grammes	
Pour le bœuf. . . . 30 »	Dans un litre de vin.
Pour le mouton . . . 20 gouttes, dans un verre de vin.	

Ce breuvage sera donné toutes les heures jusqu'à ce qu'on ait obtenu une amélioration.

Les grosseurs qui se déclarent à la peau seront encore, après l'application du fer rouge, frictionnées avec du vinaigre chaud et de l'essence de térébenthine, ou bien avec le liniment suivant :

Huile fine.	60 grammes.
Ammoniaque liquide.	60 »

Mêlez et frottez le mal dans toute son étendue à plusieurs reprises.

Avives

On nomme *avives* l'inflammation des glandes parotides, situées sur les côtés de la tête des chevaux à la base des oreilles. Cette maladie est quelquefois la suite d'un coup ou d'une gourme mal guérie.

TRAITEMENT : On traite l'inflammation des parotides comme un abcès ordinaire avec des cataplasmes, des pommades ou onguents adoucissants. Les cataplasmes ne pouvant se fixer sur ces parties qu'avec difficulté, on emploie de préférence l'onguent *populeum*, l'onguent *d'althea*, pour combattre l'inflammation. Après 2 ou 3 jours d'application de ces onguents, on applique l'onguent *chaud résolutif fondant de Lebas* pour amener la suppuration, qui a ordinairement lieu après 3 ou 4 jours de son application.

Abcès

On nomme *abcès* un dépôt d'humeur qui se forme sous la peau ou dans l'intérieur des parties charnues, il survient à la suite de l'inflammation.

Il y a deux sortes *d'abcès* : les uns, désignés sous le nom *d'abcès chauds* et les autres sous le nom *d'abcès froids*. Les premiers ont une marche rapide et sont ordinairement accompagnés de douleur, de chaleur et de gonflements.

TRAITEMENT : On guérit l'*abcès chaud* en faisant 1, 2 ou 3 applications d'onguent *basilicum cantharidé*.

Cette application faite, l'abcès se ramollit et la fluctuation est bientôt marquée dans l'abcès ; alors, il faut ouvrir cet abcès d'un coup de bistouri et faire sortir le pus ; puis on panse la plaie, après l'avoir nettoyée, avec de l'onguent basilicum, sans addition de cantharides.

L'abcès froid a sa marche lente, il faut donc l'activer par l'application d'un emplâtre résolutif, tel que l'onguent *chaud résolutif fondant de Lebas*, composé comme suit :

Onguent vésicatoire de Lebas. . . .	32 grammes.
» mercuriel double.	16 »
Savonule de potasse.	8 »
Huile de laurier.	10 »
Cire jaune.	6 »

Pour l'appliquer, on coupe le poil d'abord, puis on en frotte la grosseur dans toute son étendue pendant deux ou trois jours, une fois par jour.

Cette application faite, on attend que la suppuration se fasse, ce qui a lieu ordinairement 3 ou 4 jours après. Le pus bien formé, ce que l'on sent quand il y a fluctuation, il faut donner un coup de bistouri pour ouvrir la tumeur et faire sortir le pus, puis on panse la plaie comme pour l'abcès chaud.

Arachnoïdite *(vertige)*

Cette maladie dépend d'une inflammation du cerveau ou de ses enveloppes, et souvent des deux à la fois.

Il y a deux sortes de vertige, le vertige abdominal et le vertige essentiel.

SIGNES DU VERTIGE ABDOMINAL : Quand cette maladie existe, l'animal est triste, abattu, sa vue est trouble, il tient la tête basse et l'appuie contre la mangeoire. Si on l'attelle, il chancelle, il est sourd à la voix, insensible au fouet, et si le mal pique un peu fort, il frappe du pied et regarde fréquemment son ventre ; le pouls est petit et serré, mais le caractère le plus significatif de cette maladie consiste dans la tendance invincible de l'animal à se porter en avant ; il se place au bout de sa longe, et porte quelquefois sa tête avec tant de violence contre le mur qu'il se blesse le front et se contusionne les os du crâne et les yeux.

TRAITEMENT : Aussitôt que le cheval est connu vertigineux, jetez-le par terre sur un lit de paille et donnez-lui le breuvage suivant :

Emétique (tartre stibié) . . . . . . 30 grammes.
Eau tiède de chicorée et de fenouil . . 1 litre.

Mêlez et administrez avec précaution, en 2 fois, un demi-litre chaque fois, à une heure d'intervalle, puis mettez 4 setons à l'encolure, 2 de chaque côté.

Donnez un lavement d'aloës composé comme suit :

Aloës de barbades. . . . . 50 grammes.
Sel de cuisine. 100   »
Miel commun.. 200   »
Eau. . . . . 3 litres.

Faites fondre l'aloës dans l'eau chaude, ajoutez les autres substances et faites avaler au cheval avec toutes les précautions possibles, et ne vous en occupez plus. Toutefois on peut laver, frictionner souvent la tête entre les deux oreilles et le front, d'eau sédative; celle-ci se compose comme suit :

Eau.. . . . . 1 litre.
Sel de cuisine.. . . . . 1 poignée.

Faites fondre le sel dans l'eau et puis prenez :

Ammoniaque liquide.. . . . . . . 90 grammes.
Eau-de-vie camphrée.. 15   »

Mêlez ces deux dernières substances dans la bouteille d'eau salée.

Cela fait, il est rare que les symptômes du vertige ne disparaissent pas au bout de quelques heures. Alors, il ne reste plus que les symptômes de l'indigestion et de l'irritation gastro-intestinale, qui ne tardent pas eux-mêmes à disparaître.

Le *vertige essentiel* diffère du précédent parce qu'il a son siége au cerveau, c'est-à-dire que l'inflammation est dans la substance cérébrale; dans ce cas, l'animal est quelquefois plus tranquille, mais il cherche de même à se porter en avant. Ce cas étant rare, nous ne nous en occuperons pas.

Atteintes *(coups, blessures, contusions).*

On appelle *atteintes*, etc., des écorchures ou meurtrissures que se font les chevaux en s'atteignant le bas des jambes avec le fer d'un de leurs pieds, ou en recevant sur le derrière d'une jambe le fer d'un cheval attelé avec eux.

Traitement : Le traitement de ces atteintes, écorchures, contusions, varie selon que le mal est plus ou moins fort, il peut être léger ; alors, lavez le mal avec de l'eau salée, du vinaigre camphré ou de l'eau blanche 3 ou 4 fois par jour ; l'eau blanche vous la composerez comme suit :

Extrait de saturne. . . . . 60 grammes.
Eau. . . . . 1 litre.

Mêlez et frictionnez la partie contusionnée, couvrez-la ensuite avec des linges imbibés de ces mêmes substances (eau salée, vinaigre camphré ou eau blanche) jusqu'à la guérison.

Si l'atteinte est profonde, qu'il y ait plaie, que la peau et les chairs soient déchirées, il faut couper les morceaux qui ne peuvent pas se réunir, puis régulariser la plaie, c'est-à-dire réunir les chairs divisées ; pour cela, on les tient collées les unes contre les autres au moyen d'une bande de toile. Cela fait, on panse tous les jours le mal avec la teinture d'aloës jusqu'à la guérison ; cette teinture d'aloës, vous la composerez comme suit :

Eau-de-vie. . . . . 1 litre.
Aloës en poudre. . . . . 32 grammes.

Mêlez et agitez la bouteille.

Avant Cœur *(grosseur au poitrail).*

L'*avant cœur* est une tumeur qui affecte particulièrement les chevaux et dont le siége est au poitrail. Quand cette tumeur est récente, faites des frictions d'eau-de-vie et de savon 3, 4 fois par jour ; elle disparaîtra, après deux, trois jours. Si elle résiste vous provoquerez la suppuration en appliquant, une ou deux fois, l'onguent *véscicatoire de Lebas*. L'abcès formé, vous percerez la tumeur et le pus sortira. Cela fait, introduisez une mèche de filasse dans le trou pour que la tumeur puisse se vider complétement.

Bronchite ou maladie du canal de la respiration.

On nomme *bronchite* l'inflammation du canal de la respiration qu'on appelle *bronches*.

Cette inflammation se fixe ordinairement dans la partie inférieure du canal ou trachée et dans ses deux rameaux à l'entrée du poumon.

SIGNES : Cette maladie s'annonce par une toux fréquente, quinteuse, sèche d'abord, mais devenant grasse quelques jours après l'invasion. A mesure que le mal avance vers son terme, on voit un jetage, par les naseaux, d'une humeur visqueuse et opaque qui finit par devenir jaune.

Quand l'inflammation est forte, la fièvre se développe avec plus ou moins d'intensité, et l'action respiratoire est accompagnée d'un bruit particulier, qu'on désigne sous le nom de râle muqueux.

TRAITEMENT : Quand cette maladie est récente et forte, il faut faire une saignée de 3 litres et la réitérer au besoin le lendemain. Poser un seton à la poitrine et puis donner une tisane composée comme suit :

Graine de lin mise dans un linge. 1 assiettée.
Carottes coupées menu. . . . . . 4 poignées.
Bouillon blanc. . . . . 2 fortes poignées.

Faites bouillir ces plantes dans 8 à 9 litres d'eau pendant 25 minutes ; donnez à l'animal cette tisane, le matin à jeun 4 litres, et le reste dans la journée, pendant 4, 5, 6 jours.

Si la maladie ne cède pas, il faut appliquer sur le côté de la poitrine deux sinapismes faits comme suit :

Prenez farine de moutarde. . . . . 4 verres.
Vinaigre fort, environ. 2   »

Pour faire une pâte qui soit ni trop claire ni trop épaisse, afin de pouvoir l'appliquer avec avantage, puis vous donnerez à jeun dans un litre d'eau :

Sulfate de soude. . . . . 125 grammes.
Aloës en poudre. 31   »

Faites infuser l'aloës dans l'eau bouillante, ajoutez le sel de soude 125 grammes et administrez. La tisane sera continuée jusqu'à la guérison.

Si l'on a affaire à une maladie ancienne, dite *chronique*, il ne faut pas saigner ; mais on emploie deux larges vésicatoires sur la poitrine, un de chaque côté, on purge l'animal et on continue toujours à administrer la tisane ci-dessus indiquée.

Il arrive souvent que l'animal jette par les narines, alors il faut faire des fumigations avec des plantes aromatiques telles que : la *sauge*, le *romarin*, le *laurier*, 2 et 3 fois par jour, etc. Couvrir l'animal pour le tenir chaud, le mettre à une demi-diète et lui donner de l'eau blanchie avec de la farine d'orge et du miel ou de la mélasse.

On le frictionnera 2 fois par jour, tout le long du dos, avec l'eau sédative composée comme suit :

Eau. . . . . 1 litre.
Sel de cuisine . . . . 1 poignée.

Faites fondre le sel dans la bo teille ; cela fait, ajoutez :

Ammoniaque liquide. . . . . . . 90 grammes.
Eau-de-vie canphrée 25   »

Mêlez et employez, soir et matin, jusqu'à la guérison. Chaque friction doit durer 8 à 10 minutes. Cela fait, on couvre bien l'animal.

N. B. — Ces frictions peuvent aussi se faire dans la bronchite récente.

Boiterie.

La *boiterie* est le signe d'une maladie locale, il faut en chercher le siége et la cause.

L'animal peut *feindre, boiter tout bas* ou *faucher*.

Il *feint* quand il appuie une jambe moins franchement que les autres.

Il boite tout bas quand il s'appuie le moins possible sur le membre souffrant.

Il *fauche* quand il est atteint d'un *écart* et que le membre malade décrit dans son mouvement un cercle.

TRAITEMENT : Le traitement des boiteries varie selon qu'elles sont récentes ou anciennes. Si la boiterie est récente et que le mal soit dans l'intérieur du pied, faites une saignée en *pince*.

Si le mal est à une des articulations de la jambe, comme à l'*épaule*, au *genou*, au *boulet*, faites une saignée aux ars (jambe de devant).

Après cela, faites prendre, s'il est possible, des bains d'eau froide, pendant 2 heures de temps, soir et matin. L'animal sorti de l'eau, faites des frictions sur la partie malade avec de l'eau blanche et de l'eau-de-vie camphrée mêlées par parties égales. L'eau blanche se compose comme suit :

Eau. . . . . 1 litre.
Extrait de saturne. . . . . . . 60 grammes.

Mêlez et agitez la bouteille, puis frottez la partie malade et couvrez-la d'un linge imbibé du mélange (eau-de-vie camphrée et eau blanche). Faites cela 3, 4, 5 jours de suite et le mal disparaîtra.

Quand la boiterie est ancienne, il faut faire des frictions résolutives, fortifiantes avec le liniment suivant :

Essence de térébenthine. . . . . . 50 grammes.
Teinture de cantharides. 50   »
Eau-de-vie camphrée. . . . . . . 1 litre.

Mêlez et frottez la partie douloureuse 2 ou 3 fois.

Autre liniment plus efficace.

Huile de laurier. . . . . 60 grammes.
Huile camphrée. 75   »
Essence de térébenthine. 30   »
Ammoniaque liquide. 15   »

On mêle et on agite la bouteille.

Cela fait, on prend 2, 3, 4 cuillerées de ce liniment, un peu plus, un peu moins, selon l'étendue du mal, et on en frictionne avec la main, à diverses reprises, soit l'épaule, soit la hanche.

On renouvelle cette friction 48 heures après, puis on attend le résultat. On laisse l'animal en repos et on lui donne de l'eau blanchie.

COLIQUES.

La *colique* est une affection violente des viscères de l'abdomen, c'est-à-dire un dérangement, soit de l'estomac, soit des intestins, etc. Les épreintes et les tranchées sont les accès de cette maladie.

Il y a plusieurs espèces de coliques :

La Colique d'estomac.

Quand le siége de la maladie est dans l'estomac, elle

peut être causée par des aliments de mauvaise nature, par des boissons froides, par des arrêts de la transpiration, etc., etc.

Ce cas est à combattre par le breuvage suivant :

Vin. . . . . 1 litre.
Ether sulfurique. . . . . 30 grammes.

Mêlez et faites avaler. Donnez des lavements le plus possible faits avec des mauves ou du son.

S'il y a inflammation, donnez un litre de tisane de graine de lin auquel vous ajouterez 25 grammes d'éther sulfurique. Faites une saignée de 2 litres environ, selon la force de l'animal, frictionnez les jambes avec du vinaigre chaud et de l'essence de térébenthine, mélangés à la dose d'un verre d'essence sur un litre de vinaigre. On fait ce traitement jusqu'à la guérison ; qui ne se fera pas attendre si le remède doit produire son effet.

Si la colique est causée par faiblesse d'estomac ou par travail excessif, administrez un breuvage fait avec :

Sauge. . . . . 1 poignée.
Menthe. . . . . 1 »
Eau. . . . . 4 litres.

Faites infuser 10 à 12 minutes les plantes dans l'eau bouillante, laissez refroidir jusqu'au tiède. Donnez au malade 2 litres de suite, et les 2 autres litres une heure après.

Continuez, une fois ou deux, l'administration de ce breuvage, si le besoin s'en fait sentir.

Colique causée par pelote stercorale.

Quand la colique ne cède pas à l'influence des médicaments indiqués ci-dessus, il y a lieu de croire qu'elle est due au séjour des matières fécales dans le gros intestin qui s'oppose à leur passage. Ici, administrez le breuvage suivant :

Eau.	1 litre.
Aloës	30 grammes.
Oseille.	1 poignée.
Huile de noix.	2 verres.

Faites bouillir l'*oseille* dans le litre d'eau pendant un quart d'heure. Ajoutez l'*aloës* pour le faire fondre. Ensuite, versez l'huile, remuez le tout; passez dans un linge et administrez tiède et à jeun. Réitérez ce breuvage, si besoin est.

Constipation.

On nomme *constipation* la difficulté plus ou moins grande qu'éprouvent les animaux à rendre les matières fécales qui s'accumulent et durcissent dans le gros intestin, de telle manière que les contractions intestinales sont impuissantes à expulser ces excréments.

Dans un pareil cas, il faut administrer un purgatif fait comme suit :

Aloës soccotrin.	30 grammes.
Sulfate de soude.	120 »
Jaunes d'œufs	2 »
Eau	1 litre.

Faites fondre l'*aloës* dans le litre d'eau chaude. Délayez les jaunes d'œufs dans cette même eau: ajoutez le sel et administrez tiède le matin à jeun.

Donnez des lavements de mauves 3, 4 par jour ; donnez également la tisane faite comme suit :

Graine de lin mise dans un linge .	1 assiettée.
Carottes coupées menu.	4 poignées.
Bouillon.	2 fortes poignées.
Eau.	9 litres.

Faites bouillir pendant 20 minutes le tout ensemble

dans une marmite. Cela fait, donnez tiède, le matin a jeun, 3 litres et le reste dans la journée, tant que durera la difficulté d'expulser les excréments.

Réitérez la purgation 2 jours après si la constipation persiste.

Catarrhe nasal *(Coryza)*.

Le *catarrhe nasal* est une maladie des fosses nasales et du voile du palais qui attaque principalement le cheval.

Signes : L'animal est triste et abattu, il rend par les naseaux, et quelquefois par la bouche, une matière filante plus ou moins colorée qui suinte de toutes les surfaces nasales. Cette matière se montre de plus en plus aqueuse. Le sujet éprouve de la gêne à respirer : les glandes situées sous la gorge se gonflent. Cet état dure 15 à 20 jours, au bout desquels la maladie est guérie ou prend un caractère grave.

Traitement : Appliquez un seton au poitrail, parfumez la tête de l'animal 2 et 3 fois par jour avec des mauves et de la fleur de sureau, donnez-lui ensuite une tisane faite comme suit :

Eau. . . . . 10 litres.
Carottes coupées menu. . . . 4 fortes poignées.
Bouillon blanc ou guimauves . . 2 »

Faites bouillir le tout dans une marmite 15 à 20 minutes. Administrez tiède cette tisane, matin, midi et soir, 2, 3 litres chaque fois, jusqu'à la guérison.

Si la maladie ne cède pas dans 4, 6 jours, on fera prendre à l'animal un purgatif fait comme suit :

Aloës soccotrin. . . . . 30 grammes.
Sulfate de soude . . . . 120 »
Eau tiède . . . . 1 litre.

Faites fondre l'aloës dans l'eau chaude, comme nous

l'avons dit précédemment ; ajoutez le sulfate de soude et administrez tiède, le matin à jeun ; continuez toujours la tisane. Vous tiendrez l'animal chaud au moyen d'une couverture de laine ; vous le frictionnerez sur le dos, depuis le garrot jusqu'à la croupe, avec l'eau sédative composée comme suit :

Eau. . . . . 1 litre.
Sel de cuisine. . . . . 1 poignée.

Faites dissoudre le sel dans la bouteille.

Ammoniaque liquide . . . . 90 grammes.
Eau-de-vie camphrée. . . . . **25**　　》

Versez ce composé dans la bouteille d'eau salée et agitez.

Crevasses.

On nomme *crevasses* des gerçures transversales qui viennent au paturon des chevaux, ânes et mulets. Si elles ne sont pas l'effet de la gourme, elles guérissent facilement.

Pour les combattre, prenez :
Vinaigre . . . . 1 litre.
Suie de cheminée. . . . . 3 verres.

Mêlez et frottez 2 ou 3 fois par jour le mal.

Quand elles proviennent de la gourme, appliquez un seton, purgez l'animal 1 ou 2 fois, appliquez des cataplasmes sur le mal, faits avec de la graine de lin et des feuilles de mauves, pendant 4, 5, 6 jours. Si ces moyens calmants ne suffisent pas, vous emploierez le remède suivant :

Eau. . . . . 1 litre.
Extrait de saturne. . . . . 60 grammes.

Mêlez, agitez la bouteille et frottez le mal. Ensuite

imbibez un linge de cette eau et enveloppez les crevasses.

Eaux aux jambes.

On nomme *eaux aux jambes* une maladie de la peau
qui vient à la partie inférieure des jambes du cheval,
au boulet et au paturon.

Cette maladie, caractérisée par le suintement conti-
nuel d'une humeur séreuse et fétide, ronge les parties
molles, peut devenir grave et produire les *porreaux* si
on n'y remédie. C'est pourquoi on fera le remède
suivant :

Huile de pied de bœuf. . . . . . . 2 verres.
Extrait de saturne. . . . . 30 grammes.

Mêlez et frottez le mal 2 fois par jour, jusqu'à la
guérison.

Si la maladie ne cède pas, après dix jours, appliquez
un seton et purgez l'animal. Ensuite vous oindrez le
mal avec la composition suivante :

Vinaigre. . . . . 1 litre.
Sulfate de cuivre (vitriol) en poudre . 60 grammes.
Sulfate de zinc en poudre. . . . . 60 »
Extrait de saturne. . . . . . . 120 »

Mêlez le tout, agitez fortement la bouteille et frottez
le mal dans toute son étendue, une fois par jour et,
s'il y a des fics, gros ou petits, coupez-les et frottez-les
aussi tous les jours 2 fois, jusqu'à la guérison.

Ce remède est des plus efficaces.

Fics à la fourchette.

On entend par *fic à la fourchette* une déformation

purulente qui vient à la sole du cheval par suite de la pourriture de la fourchette.

Signes : On voit un suintement d'une humeur fétide et noirâtre. Peu de temps après, la fourchette se couvre de bourgeons de chair sanieux, blaffards, qui font boiter l'animal. Ces fics sont très fréquents chez les mulets et les ânes.

Traitement : Pour combattre les fics de la fourchette on se sert avantageusement de la composition suivante (liqueur de Villate) :

Vinaigre fort. . . . . 1 litre.
Sulfate de cuivre (vitriol) en poudre.. 60 grammes.
Sulfate de zinc en poudre . . . . . 60 »
Extrait de saturne. . . . . 120 »

Mêlez et agitez la bouteille. Ensuite, coupez les fics, lavez le mal avec cette préparation 2 fois par jour, jusqu'à la guérison.

Écart, effort, entorse.

On entend par *écart*, *effort*, *entorse* une distention plus ou moins forte des ligaments articulaires et des tendons correspondants.

Ainsi, le cheval est dit avoir un effort de *cuisse*, de *hanche*, d'*épaule*, de *boulet*, quand la distention a lieu sur les ligaments de ces parties-là.

Les efforts sont ordinairement des accidents graves, d'autant plus fâcheux qu'ils ont leur siége dans les cordes ou ligaments dont l'inflammation est lente, et qui, une fois distendus, reprennent difficilement leur force et leur état naturel. Ces accidents amènent la boiterie ; quelquefois tout de suite, d'autrefois, ce n'est qu'au bout de quelques jours, sans qu'on aperçoive ni chaleur, ni douleur, ni tumeur ; en d'autres termes, sans qu'il y ait la moindre apparence d'inflammation.

Dans ce cas, il est très difficile de découvrir le siége du mal.

Traitement : Les efforts légers guérissent d'eux-mêmes, ou n'exigent que le repos. Les efforts graves durent plus longtemps et occasionnent des boiteries difficiles à combattre ; c'est pourquoi il faut agir de suite, quand un cas se présente.

En conséquence, sitôt qu'un animal est atteint d'un effort, faites-lui prendre des bains froids, à l'eau courante s'il est possible, pendant 2, 3 jours, durant 2, 3 heures chaque bain. L'animal sorti de l'eau, faites des frictions d'eau blanche sur la partie douloureuse ; imbibez un linge de cette eau et fixez-le sur la partie malade au moyen d'une ficelle. Vous mouillerez trois 4 fois par jour ce linge sans l'ôter, afin de hâter la guérison.

Si, après 3, 4 jours, le mal ne cède pas, il ne faut pas continuer les bains : l'inflammation étant établie cela deviendrait dangereux, mais il faut calmer la douleur, apaiser l'inflammation. Pour cela, employez des cataplasmes chauds de mauves, de farine de lin ou l'onguent *populeum* en frictions, jusqu'à ce que l'inflammation soit dissippée ; faites une saignée en pince, si l'effort est au boulet, et aux veines des membres si le mal est plus haut.

S'il n'y a que la boiterie seulement, faites des frictions 2, 3 fois par jour, avec l'eau-de-vie camphrée.

Nous nous sommes servi avec grand succès de la méthode révulsive et énergique. Pour cela nous employons toujours sur l'épaule ou sur la hanche de la teinture de cantharides.

Voici la manière de l'employer dans un *écart aigu*. On fait sur toute l'étendue de l'épaule malade, depuis le garrot jusqu'à la distance de quatre pouces (11 centimètres) de l'articulation du bras à l'avant-bras, une friction avec 6 onces 185 grammes, de teinture de cantharides. Cette friction, faite avec soin, doit se faire principalement à la partie supérieure de l'épaule. On réitère cette friction à 14 heures d'intervalle chaque fois. On attache le cheval au ratelier de manière qu'il ne puisse ni se frotter, ni se coucher. Bientôt un engorgement considérable se forme dans la partie frictionnée et des ampoules apparaissent et crèvent presque de suite. Huit à douze jours après ces frictions les poils tombent, mais ils sont bientôt remplacés par d'autres. Quinze ou vingt jours après l'animal est guéri. Si la boiterie n'était que diminuée on recommencera le même traitement, et, sans aucun doute, l'animal guérira.

La forme.

On nomme *forme* une grosseur de l'os qui vient autour de la couronne, elle est le résultat d'une contusion ou d'une disposition héréditaire aux exostoses.

TRAITEMENT : Quand elle débute, appliquez des cataplasmes de mauves, de graine de lin, pendant 3, 4 jours. Ensuite, employez l'eau blanche en frictions, composée comme suit :

Eau. . . . . 1 litre.
Extrait de saturne. . . . . 60 grammes.
Mêlez.

Si le mal ne cède pas, faites des frictions 2 ou 3 fois de suite avec la pommade suivante :

Onguent vésicatoire de lebas. . . . 30 grammes.
Onguent mercuriel double. . . . . 30 »
Mêlez.

Coupez le poil dans toute l'étendue de la grosseur et appliquez une forte couche de cette préparation pendant 3, 4 jours, une fois par jour.

Échauffement de la fourchette.

On appelle *échauffement de la fourchette* une altération de cette partie du pied du cheval ; elle n'est dangereuse qu'autant qu'elle est négligée.

Cette altération consiste dans un suintement d'une humeur puriforme, noirâtre, qui s'accumule et séjourne dans le vide de la fourchette.

TRAITEMENT : Ne laissez pas les pieds séjourner dans le fumier, dans les urines, les boues, etc.

Ensuite, lavez souvent, 2, 3 fois par jour le mal avec de la suie et du vinaigre mêlés — on emploie encore avec avantage l'onguent Egyptiac — qu'on prend à une pharmacie.

Porreaux.

On nomme *porreaux* des bourgeons de chair qui viennent au paturon et au boulet des chevaux, des mulets et des ânes. Ils sont la suite des *eaux aux jambes* qu'on a négligées ; il faut les combattre au plus tôt.

Pour cela, prenez :

Vinaigre fort	1 litre.
Sulfate de cuivre en poudre. . . .	60 grammes.
Sulfate de zinc en poudre.	60 »
Extrait de saturne.	120 »

Mêlez le tout dans une bouteille, coupez les poils sur toute l'étendue du mal, coupez aussi les bourgeons. Cela fait, lavez cette partie 2 fois par jour avec cette liqueur et tenez dessus de la filasse imbibée de cette même composition ; il faut bien agiter la bouteille toutes les fois qu'on prend de son contenu.

Cerises.

On nomme *cerises*, en médecine chirurgicale, des petites excroissances de chair dont la couleur rouge et la forme ronde leur ont donné le nom. Elles surviennent dans les plaies qui restent à découvert et à la suite des pansements mal faits. Il faut donc les empêcher de venir et, quand elles existent, les guérir au plus vite ; parce qu'elles empêchent toujours la circulation du sang.

TRAITEMENT : Quand les cerises sont légères et au milieu d'une plaie, faites sur elles une forte pression. Si elles sont très étendues, enlevez-les avec des ciseaux ou avec un bistouri ; puis, les ayant arrosées avec de l'eau-de-vie camphrée, couvrez le mal avec de la filasse imbibée du même liquide ; réitérez ce traitement tant que besoin sera.

Oignons.

On appelle *oignon* une grosseur plus ou moins forte, saillante, qui vient dans la sole du pied du cheval.

Cette grosseur est due à l'enflure de l'os du pied : la mauvaise ferrure et une marche forcée sont la cause de sa formation.

TRAITEMENT : La ferrure seule peut remédier à cet accident, car il s'agit de mettre la partie saillante à l'abri des compressions. Pour cela, faites forger un fer dont la branche, un peu tronquée, soit assez large en dedans et porte assez d'ajusture pour couvrir l'oignon.

Bleimes.

On appelle *bleime* une meurtrissure qui survient à la sole des talons et quelquefois à celle des quartiers ; les chevaux à talons bas et forts y sont les plus exposés par suite de la marche sur des terrains durs et raboteux, elle provient aussi des mauvaises ferrures.

SIGNES : On connait la bleime à un amas de sang qui

se fait dans le tissu de la corne et dans la chair du pied ; parvenue à un certain degré, elle amène des ravages, il faut donc y remédier promptement.

TRAITEMENT : Il faut amincir la corne sans aller jusqu'au vif, puis poser sur le mal de la filasse imbibée d'essence de térébenthine mêlée avec du suif, fixer le tout avec une bande de toile et ensuite appliquer un fer plus ou moins couvert selon l'étendue du mal ; il faut laisser l'animal en repos et panser le pied tous les jours jusqu'à ce que la douleur soit disparue et que la corne ait acquis une certaine force ; tout allant bien, on fera forger un fer à planche pour ferrer l'animal avant de le remettre au travail.

Si la bleime est suppurée et qu'il y ait décollement de la corne, il faut faire brèche et enlever toute la partie désunie, couper les chairs baveuses s'il y en a ; dans ce cas le pied met plus longtemps à guérir et mérite des soins très suivis.

Sole foulée.

La *sole foulée* est un même genre de lésion que la bleime sèche, ou les talons foulés.

TRAITEMENT : Faites une saignée en pince, puis appliquez un cataplasme de suie de cheminée avec du vinaigre ; appliquez-le jusqu'à la guérison.

Sole battue.

On appelle *sole battue* une maladie de la sole du pied du cheval ressemblant beaucoup à la bleime sèche ; elle est causée tantôt par un fer mal ajusté, tantôt par un corps dur, une pierre ou de la terre durcie engagée entre le fer et la corne.

TRAITEMENT : Il faut enlever le corps s'il existe encore,

nettoyer le pied et l'envelopper ensuite avec un cataplasme de mauves, de guimauves ou de farine de lin.

Quand le pied est bien chaud, il faut employer des
cataplasmes faits avec de la suie de cheminée et du
vinaigre pour prévenir la fourbure.

Clou de rue.

On appelle *clou de rue* un clou que le cheval s'enfonce
en marchant dans le pied jusqu'au vif. Cette introduc-
tion de clou enflamme les chairs et fait boiter l'animal.

Traitement : Il faut extraire le clou, s'il existe, et
agrandir l'ouverture jusqu'aux chairs vives, mais sans
faire saigner ; on lave ensuite le mal avec de l'eau-de-
vie pendant 5 à 6 minutes, puis on met de la filasse
imbibée de ce même liquide et on la fixe avec le fer ;
on réitère ce pansement jusqu'à la guérison.

Il arrive quelquefois que le clou de rue amène dans
le pied des désordres graves. Dans ce cas, il faut appe-
ler un vétérinaire.

Pied serré par les clous.

Le *pied serré par les clous* se remarque plus particulièrement dans les pieds gras et faibles, dans les poulins
qui ont encore la corne tendre.

Traitement : On déferre le pied de suite et on
applique des cataplasmes de mauves, de farine de lin,
etc., etc., pour calmer la douleur.

La retraite.

On nomme *retraite*, en chirurgie vétérinaire, l'accident présenté par un clou qui, en pénétrant dans l'ongle, se divise en deux lames, dont une atteint le vif et reste enfoncée dans le pied, tandis que l'autre sort au dehors.

La retraite peut aussi exister lorque le clou broché rencontre une souche qu'il divise et pousse en dedans jusqu'au vif.

Dans ce cas, il faut bien s'assurer où existe la pointe du clou et faire brèche avec un rogne-pied jusqu'à l'endroit où elle se trouve ; arrivé là, on la retire et on panse le mal avec de l'eau-de-vie et de l'essence de térébenthine mêlées ; ensuite on couvre avec de la filasse qu'on fixe avec le fer ou autrement. Il faut renouveler ce pansement 2, 3, 4 jours de suite, enfin jusqu'à la guérison.

Pied comprimé.

Le *pied comprimé* par le fer provient du manque d'ajusture du fer, ou du rebroussement trop fort des pinçons sur lesquels les maréchaux frappent à grands coups de brochoir ; le pied ainsi comprimé est d'abord peu douloureux, mais au bout de quelques jours il devient plus sensible et la boiterie s'ensuit : ces mauvaises ferrures occasionnent les *oignons*, les *bleimes* et la *fourbure*.

TRAITEMENT : Il faut déferrer vite le pied et chercher le point douloureux en parant le pied jusqu'au vif, le point douloureux trouvé, on l'enveloppe d'un cataplasme de mauves et on laisse l'animal en repos jusqu'à ce que la douleur soit entièrement dissipée.

Sole échauffée.

La *sole échauffée* dépend du fer trop chaud que le maréchal tient trop longtemps appliqué sur le pied, et c'est la paresse de l'ouvrier ou son ignorance qui en sont la cause, car il y a des maréchaux qui, pour ménager du temps ou s'épargner de la peine, appliquent le fer chauffé à blanc, appuie t dessus fortement afin de brûler la corne, de l'attendrir et de pouvoir la parer ensuite facilement, tandis que d'autres, n'ayant pas le coup d'œil bien sûr, quelquefois regardent si le fer va bien à la justure et possède la tournure convenable.

Traitement : Aussitôt qu'on s'aperçoit de la gêne qu'éprouve l'animal à marcher, il faut vite le déferrer et appliquer des cataplasmes de mauves, de graines de lin, etc., et laisser la bête en repos.

Pied affaibli.

On appelle *pied affaibli* le pied trop paré par le maréchal, soit aux talons, soit à la fourchette, soit à la sole.

Dans cet état le pied est plus ou moins sensible, douloureux et ne soutient pas la marche, il devient sujet aux *bleimes*, aux *oignons* et à la *fourbure*.

Ici, il faut une ferrure légère, le repos et des cataplasmes adoucissants pour apaiser la douleur.

La sole brûlée.

La *sole brûlée* est un accident produit par le fer appliqué trop chaud et causé toujours par la paresse ou par l'inhabileté du maréchal.

Ici la chaleur du fer étant trop forte, ferme plus ou moins les vaisseaux séreux de la corne, déssèche celle-ci, la rend feutrée dans l'intérieur, la soulève et souvent la décolle dans quelques points.

Signes : On connait que la corne est brûlée lorsqu'en parant le pied on trouve la corne brunâtre d'abord et plus loin jaune et criblée de petits trous ouverts desquels suinte une humeur séreuse ; mais si l'ongle est détaché de la chair, les endroits où la désunion paraît sont secs et l'humeur séreuse n'existe pas ; ce cas est grave, et, négligé, peut amener la dessolure ; les pieds plats ou combles sont les plus exposés à cet accident ; il est donc important que le maréchal les remarque pour la bonne exécution de son travail.

TRAITEMENT : On amincit la corne jusqu'au vif et on met sur le mal un corps gras, de l'onguent *populeum* par exemple, ou du suif, ou des mauves, jusqu'à la guérison ; on applique ensuite un fer léger.

Eparvin osseux.

On nomme *éparvin osseux* une grosseur de l'os produite par un coup ou par une disposition héréditaire aux exostoses ; elle se forme à la partie inférieure du jarret, face interne et postérieure, elle fait souvent boiter l'animal.

Le seul traitement qu'il y ait à employer, non pour obtenir la guérison, mais pour arrêter les progrès, est le feu appliqué en pointes.

La courbe.

On appelle *courbe* une grosseur oblongue et calleuse qui vient à la face antérieure et interne du jarret, après un effort.

TRAITEMENT : Le premier soin doit être de combattre l'inflammation par un cataplasme émollient fait avec des mauves, graines de lin, etc., etc. ; l'inflammation ayant disparu, on frictionnera la tumeur avec de l'eau-de-vie camphrée et de l'eau blanche mêlées par parties égales.

Lorsque la courbe est ancienne, il faut en amener la résolution par l'*onguent mercuriel* double et l'*onguent vésicatoire de Lebas* mêlés par parties égales, — ou par le feu.

L'eau blanche se compose comme suit :

Eau de rivière ou de fontaine. . . . . 1 litre.
Extrait de saturne. . . . . 60 grammes.

Mêlez et agitez.

Capelet.

On appelle *capelet* une grosseur qui se forme à la pointe du jarret à la suite d'un coup ou de frottements rudes et prolongés ; il peut être aussi le résultat de la gourme.

TRAITEMENT : Faites des frictions avec de l'eau-de-vie camphrée et de l'eau blanche mêlées par parties égales. Si le mal résiste après 6 à 8 jours de frictions, il faut recouvrir la tumeur d'une couche d'onguent vésicatoire de Lebas et d'onguent mercuriel double mêlés par parties égales.

Jardon.

Le *jardon* est une tumeur dure et calleuse qui vient à la partie externe et postérieure du jarret.
Cette grosseur est dangereuse, elle peut rendre le cheval qui en est atteint impropre au service.

TRAITEMENT : Lorsque la *jarde* ou *jardon* se développe lentement, sous l'influence d'un coup ou de frottements fréquents, faites des frictions avec l'onguent mercuriel double, mêlé par parties égales avec l'onguent *vésicatoire de Lebas*. Si le mal ne cède pas après un mois, appliquez le feu.

Molette.

On appelle *molette* une tumeur molle produite par l'accumulation de la synovie (eau rousse) dans l'articulation du boulet, qui a pour objet de faciliter le glissement des os dans leurs articulations ; elles sont causées par des coups, des chutes ou par la distension forcée des membres.

Traitement : Faites des frictions avec de l'eau-de-vie camphrée mêlée avec de l'essence de lavande par parties égales, et si le mal ne disparaît pas, appliquez le feu.

Vessigons.

On appelle *vessigon* une tumeur molle de la nature des molettes qui vient au jarret du cheval.

Traitement : Le traitement des vessigons est le même que celui qu'on emploie pour combattre les molettes ; toutefois, on emploie la composition suivante :

Sublimé corrosif. . . . . 4 grammes.
Térébenthine fine 45   »

Mêlez et appliquez après avoir coupé le poil.

De la Fourbure

On appelle *fourbure* une inflammation plus ou moins forte du tissu réticulaire du pied du cheval.

Cette inflammation cause l'engorgement et amène quelquefois la désunion partielle ou totale du sabot.

On distingue deux sortes de fourbures : la *fourbure* aiguë et la fourbure *chronique*.

Dans la fourbure aiguë la douleur est locale, c'est-à-dire supportée tout entière par le pied.

Signes : On connait qu'un cheval est fourbu à la chaleur du sabot, à l'extrême sensibilité du pied, à la raideur des jambes, à la difficulté avec laquelle l'animal marche en cherchant son point d'appui sur les jambes qui ne sont pas malades ; l'animal a la fièvre et est très abattu.

Traitement : La marche de cette maladie étant rapide, il faut agir promptement, afin de prévenir la chute du sabot et la mort des parties vivantes.

En conséquence, faites une saignée à la veine du cou jugulaire, déferrez le pied, placez la bête sur une bonne litière, donnez-lui de l'eau blanche, soumettez-là à une demi diète, faites-lui prendre des bains d'eau froide à l'eau courante, si c'est possible, pendant deux heures le matin et autant le soir.

Après son bain, rentrez l'animal à l'écurie et enveloppez-lui les pieds d'un cataplasme fait avec du vinaigre et de la terre argileuse ; faites aussi des frictions dérivatives d'essence de térébenthine aux genoux et aux jarrets.

Si après 2, 3 et 4 jours de ce traitement, l'animal n'est pas mieux, faites des frictions dérivatives aux genoux, aux jarrets, selon que le mal siége au pied de devant ou de derrière, avec l'huile essentielle de lavande, donnez des lavements 3, 4 par jour, donnez aussi un purgatif fait comme suit :

Aloës soccotrin. . . . . 30 grammes.
Sulfate de soude . . . . 120 »
Eau tiède. . . . . 1 litre.

Faites fondre l'aloës dans l'eau chaude, le mettant dans un petit sachet et le pressant de temps en temps ; ajoutez le sel de soude et administrez tiède à jeun ; réitérez, s'il le faut, cette purgation.

Jaunisse *(mal du foie, ictère)*

On appelle *jaunisse*, *ictère*, un engorgement du foie par défaut de sécrétion de la bile.

Signes : Dans cette maladie l'animal est triste, il est constipé d'abord, il a la diarrhée ensuite ; ses urines sont épaisses, rougeâtres, le blanc de l'œil est fortement coloré en jaune.

Le sang est vicié, c'est de le recomposer qu'il s'agit ; il faut donc pour cela donner une bonne nourriture, et de la tisane faite avec des carottes et de la graine de lin, 6, 8 litres par jour ; purger ensuite l'animal avec les substances suivantes :

Aloës soccotrin. . . . . 30 grammes.
Sulfate de soude 120   »
Eau tiède. . . . . 1 litre.

Faites fondre l'aloès dans l'eau chaude, mettez-le dans un petit sachet avant, puis pressez-le de temps en temps ; une fois fondu ajoutez le sel de soude et administrez tiède ; réitérez, s'il le faut, ce purgatif 2 jours après.

Gale *(roux vieux)*.

La *gale* est une maladie de la peau qui se reconnait à l'apparition de petits boutons blancs entourés d'une auréole qu'accompagne une démangeaison très forte.

Traitement : On peut guérir la gale avec l'huile de Cade, avec des pommades soufrées, etc., mais le meilleur de tous les remèdes et le plus prompt est le suivant :

Sulfure de potasse. . . . . . . 125 grammes.
Eau chaude. . . . . 1 litre.
Acide sulfurique. . . . . . . 15 grammes.

Faites fondre le sulfure de potasse dans le litre d'eau chaude, ajoutez l'acide sulfurique en trois fois, remuant bien le liquide chaque fois que vous verserez l'acide sulfurique. Cela fait, ayez un pinceau en crin et frottez l'animal partout où il aura des boutons. Toutefois, avant de le frotter, il faut couper le poil ras ; on aura également le soin de bien agiter avec le pinceau la composition ci-dessus, chaque fois qu'on en prendra ; faites 2 jours de suite cette lotion et l'animal sera guéri.

Gastro-Entérite.

(maladies de l'estomac, des intestins).

La *gastrite* ou *gastro-entérite* est un trouble dans la fermentation des aliments qui s'opère dans l'estomac, provoqué par une inflammation de la membrane-muqueuse de l'estomac et des intestins.

Signes : L'animal atteint d'une inflammation de l'estomac cesse de manger, est lourd, paresseux, les yeux sont abattus, un peu jaunes, sa respiration est saccadée, sa soif ardente et ses crotins d'abord secs et durs sont suivis de la diarrhée, si la maladie se prolonge.

Traitement : Il faut tenir la bête chaudement avec des couvertures de laine, faire 1, 2, 3 saignées, une chaque jour, de 4 litres chaque fois, selon la force de l'animal, et puis donner la tisane faite comme suit :

Carottes coupées menu . . . . 4 poignées.
Graine de lin dans un linge. . . . . 1 assiettée.
Bouillon blanc.. . . . . 2 poignées.
Racines de guimauves. . . . . 2 »

Faites bouillir le tout dans 8 à 9 litres d'eau dans une marmite, pendant 25 minutes ; donnez de cette tisane 4 litres le matin, 2 à midi et le reste le soir, tant que durera la maladie ; donnez aussi des lavements à l'eau de mauves.

Si par hasard le mal s'aggravait, il faudrait de suite poser un large sinapisme sous le ventre, donner un purgatif tous les deux jours, et continuer toujours les lavements. Le purgatif se compose comme suit :

Sulfate de soude . . . . 120 grammes.
Aloës soccotrin. 30   »
Eau tiède. . . . . 1 litre.

Mettez l'aloës dans un sachet et plongez-le dans l'eau chaude pour le faire dissoudre ; une fois dissout, ajoutez le sel et administrez tiède ce breuvage à jeun.

Indigestion venteuse.

L'indigestion venteuse du cheval se reconnaît aisément : le ventre est gonflé, les flancs se soulèvent, la bête gratte le sol, regarde son flanc et quelquefois cherche à le frapper avec les pieds de derrière ; il se couche en fléchissant brusquement les genoux, il s'abat, il se relève, se renverse d'un côté sur l'autre. Si on le promène, il marche à grands pas, sue beaucoup et sa respiration est gênée.

Traitement : Si la météorisation n'est pas très forte et qu'il n'y ait pas congestion intestinable, donnez le breuvage suivant :

Vin rouge. . . . . 1 litre.
Ether sulfurique . . . . 30 grammes.

Mêlez et faites avaler ; réitérez au besoin.

Autre breuvage plus efficace.

Eau froide . . . . 1 litre.
Eau de javelle . . . . 2 cuillerées à soupe.

Mêlez et réitérez au besoin.

Péritonite.

On appelle *péritonite* l'inflammation du péritoine. Le péritoine est la membrane qui tapisse le ventre.

Dans cette maladie la bête est inquiète, elle ne peut rester en place, elle a les yeux hagards, les naseaux fortement dilatés, ouverts, le pouls fréquent et serré, la respiration courte, difficile, elle sue en certains endroits du corps, elle se couche, se relève et finit par mourir dans des convulsions.

Traitement : Sitôt qu'on s'aperçoit que l'animal souffre fort et qu'il présente les signes de la maladie décrite ci-dessus, il faut faire une saignée de 2 à 3 litres, le frictionner tout le long du dos avec de l'eau sédative et le couvrir ensuite avec des couvertures de laine, donner des lavements de mauves, de la tisane de carottes, de graine de lin et de bouillon blanc, environ 8 à 9 litres par jour ; il faut également purger l'animal.

La tisane et la purgation, vous les composerez comme cela est indiqué à la Gastro-Entérite, page 46 et 47. Vous les administrerez également de la même manière.

L'eau sédative vous la composerez comme suit :

Eau. . . . . 1 litre.
Sel de cuisine . . . . 1 poignée.
Faites fondre le sel dans la bouteille,
   puis ayez ammoniaque liquide . . 90 grammes.
Eau de vie camphrée 25   »

Mêlez dans la bouteille et remuez.

Pousse.

La *pousse* est une maladie dont on ne connaît pas le siége, toutefois, comme il y a gêne de la respiration, une toux sèche, sans fièvre, on a cru que c'était une affection chronique des organes de la respiration.

Signes : Cette maladie se manifeste par la gêne de la respiration, les mouvements du flanc sont irréguliers, saccadés, la toux sèche, quinteuse, les naseaux dilatés. La pousse est un mal incurable, mais elle ne tue pas ; elle donne lieu à rédhibition. Le délai pour intenter l'action est de 9 jours, non compris le jour de la livraison.

Suros.

Le *Suros* est une grosseur qui vient sur une des surfaces des os des jambes, comme à la face interne et latérale du jarret, etc., il devient plus ou moins gros ; s'il n'est pas placé sous les tendons, il ne cause pas la boiterie.

Traitement : Coupez les poils sur toute la grosseur, puis prenez de l'onguent mercuriel double et de l'onguent vésicatoire de Lebas, 15 grammes de chaque, mêlez et frottez rudement 2 fois par jour, pendant 3, 4, 6 jours. Cela fait, attendez le résultat.

Morve.

La *Morve* est une maladie grave et constitue un cas rédhibitoire, elle a son siége dans la muqueuse du nez. Elle se manifeste par un engorgement des glandes de dessous la gorge et par un écoulement de mucosités, soit par une narine, soit par les deux à la fois. Ces mucosités sont blanches et limpides, d'autres fois jaunes et verdâtres. La maladie faisant des progrès, ces mucosités s'accompagnent de stries de sang, et bientôt on voit apparaître des ulcères plus ou moins profonds dans l'intérieur des narines. Le mucus se dessèche en partie sur les orifices des narines, et celui qui tombe se trouve empreint de petites masses caséeuses. L'engorgement est tout d'abord peu volumineux, il commence par avoir la grosseur d'une noisette ou d'une noix, adhérent ou non à la peau, qui elle-même est plus ou moins mobile, plus ou moins sensible quand on la presse avec les doigts.

Quand l'un de ces signes ou tous les deux à la fois paraissent, ils peuvent rester stationnaires pendant fort longtemps, quelquefois des mois, une année, et l'animal paraître en bonne santé, l'œil devient chassieux du côté ou se trouve le jetage, des tubercules apparaissent sur la pituitaire, bientôt ils se ramollissent et se convertissent en ulcères.

Dans ce cas le cheval est réellement morveux, il n'y a rien à faire, il faut l'abattre, les règlements de police le prescrivent.

Cette maladie étant contagieuse peut se communiquer du cheval à l'homme, il faut donc prendre des précautions pour éviter des malheurs.

Ophtalmie (*maladie des yeux.*)

On appelle *ophtalmie* l'inflammation des yeux. Cette inflammation peut être aiguë ou chronique, c'est-à-dire ancienne.

TRAITEMENT : Quand l'inflammation est récente et forte, on fait une saignée de deux litres de sang environ. On pose un seton du côté opposé à l'œil malade ; et ensuite, on lave l'œil avec de l'eau de sureau, de plantain, etc., pendant 3, 4 jours et pendant 10 minutes chaque fois. On applique même une bande de toile imbibée de cette eau pendant 2, 3, 4 jours et plus si c'est utile.

Si le mal est ancien et que les yeux soient chassieux, on les lave avec l'eau blanche composée comme suit :

Eau. . . . . 1 litre.
Extrait de saturne . . . . 30 grammes.

Mêlez et employez.

Il faut, autant que possible, faire pénétrer cette eau sous la paupière préalablement soulevée.

Si, après l'inflammation combattue et passée, il reste une tache dans l'œil, on fait une pommade comme suit :

Graisse sans sel. . . . . 4 grammes.
Nitrate d'argent fondu. . . . . 5 centigrammes.

Mêlez selon l'art (le pharmacien composera cette pommade). On en met gros comme un pois dans l'œil, sous la paupière, tous les jours une fois.

Fluxion périodique.

Cette maladie est incurable et constitue un cas rédhibitoire. Elle débute par le gonflement des paupières et par un grand écoulement des larmes ; elle ressemble d'abord à l'ophtalmie ordinaire, ou conjonctivite ; mais bientôt l'intérieur de l'œil se trouble, et, quand on entr'ouvre les paupières, on ne distingue plus, à travers la vitre oculaire, l'ouverture de la pupille. Après quelques jours, il se forme en avant de la pupille un dépôt d'un blanc jaunâtre — mais il ne reste pas longtemps, il disparaît — à partir de cette époque, l'œil n'est jamais transparent et le fond conserve une teinte de feuille morte.

Dans ce cas, il y a lieu de faire reprendre l'animal ; pour cela, il faut dresser une requête à M. le Juge de paix du canton où se trouve l'animal, avant l'expiration de neuf jours de l'achat, afin de faire nommer un expert ; il faut aussi faire donner un acte extra-judiciaire au vendeur pour le prévenir du cas rédhibitoire et d'avoir à assister à la visite de l'animal. Ces deux actes sont de rigueur.

Farcin.

Le *farcin* est une maladie grave et difficile à guérir; elle constitue un cas rédhibitoire.

Signes : On connaît le *farcin* à la formation de petites tumeurs dures et arrondies, dont le volume varie de la grosseur d'un pois à celui d'une noisette. Elles apparaissent sur le cou, sur les épaules, aux fesses et aux côtés ; si elles disparaissent, ce qui arrive quelquefois, on voit survenir, à leur place, un durillon ou une petite ulcération très superficielle.

Dans cet état, il prend le nom de *farcin volant*; c'est le moins dangereux.

Le farin cordé consiste en des tumeurs qui viennent sous la peau dans les interstices des muscles, affectant la forme allongée d'une corde garnie de nœuds ou renflements, et formant une sorte de chapelet qui suit le trajet des veines ou des vaisseaux lymphatiques. Ces tumeurs s'ulcèrent quelquefois et donnent un pus épais et grumuleux.

Cette maladie étant grave, il faut la confier à un vétérinaire.

Entérite suraiguë.

L'*entérite* est une inflammation des intestins ; on la dit suraiguë dans sa plus forte crise.

L'animal atteint d'entérite s'agite continuellement, ne peut plus manger, frappe du pied, gratte le sol, fléchit les genoux comme s'il voulait se coucher sans le pouvoir, regarde son flanc, se couche, se relève précipitamment, se couche de nouveau, se plaint, s'étend sur le côté, se débat violemment, se place sur le dos les quatre membres en l'air, s'agite dans cette position, la quitte pour la reprendre, se relève et paraît n'avoir pas un instant de répit. Sa respiration est courte, fréquente, le pouls devient dur, plein et vite. L'animal se campe comme pour uriner, l'urine est rouge, huileuse, très chargée ; il a des tremblements convulsifs, des sueurs gluantes aux flancs, aux fesses, aux épaules, etc.

TRAITEMENT : Il faut faire une saignée de 2, 3 litres de sang, selon la force et l'âge de la bête, la répéter tant que le pouls reste plein, ensuite donner la tisane faite comme suit :

Graine de lin mise dans un linge. . . . 1 assiettée.
Carottes coupées menu. . . . . 1 poignée.
Bouillon blanc ou guimauves. . . . . 2 poignées.

Faites bouillir le tout 25 minutes dans 8 à 9 litres d'eau. Cela fait, donnez d'abord un litre tiède de cette tisane, à laquelle vous ajouterez 30 grammes d'*éther sulfurique*, puis une heure après vous donnerez 3 litres de tisane ; donnez des lavements nombreux ; faites des frictions sur les membres avec du vinaigre chaud et de l'essence de térébenthine (un demi verre par litre de vinaigre).

Si le mal ne cède pas au bout de 3, 4 heures, vous donnerez un autre litre de tisane que vous avez faite, à laquelle vous ajouterez 15 *grammes de laudanum* au lieu de la dose d'éther. Une heure et demie après vous administrerez 2 litres de tisane et des lavements, et vous les continuerez jusqu'à la guérison, qui ne peut se faire attendre.

Coup de soleil.

En été, pendant les fortes chaleurs, les animaux sont dérangés par le soleil trop ardent.

Ce cas arrivant, prenez :

Sel de cuisine . . . . 1 poignée.
Vinaigre. . . . . 1/2 litre.
Eau . . . . 1 litre.

Frictionnez de ce mélange le dos, les oreilles, la nuque, lavez-en les narines. S'il y a une congestion sanguine à la tête, ce que vous connaîtrez quand le cheval tombe comme une masse, faites une forte saignée ; si la congestion a lieu au poumon, ce que vous connaîtrez par la suffocation que l'animal éprouve, faites encore une forte saignée.

MALADIES DE POITRINE.

Pleurésie *(pleuro-pneumonie.)*

La *pleurésie* est une inflammation de la poitrine qui a son siége sur la surface de la membrane qui tapisse l'intérieur de la poitrine, qu'on désigne sous le nom de *cavité thoracique.*

Signes : On connaît que l'animal est atteint de la pleurésie, quand il éprouve des frissons, qu'il a la fièvre, les naseaux brûlants, la respiration haletante, précipitée, le pouls très élevé, la toux séche et pénible, que ses côtes se soulèvent et font saillir les muscles inter-costeaux.

Traitement : Il faut faire 1, 2 et 3 saignées à un jour d'intervalle chaque, d'environ 3 litres, selon la force de l'animal ; lui frictionner le dos avec l'eau sédative (dont nous avons indiqué la composition page 48), cela fait, le couvrir pour le tenir chaud. Lui poser un seton au poitrail et des sinapismes ou des vésicatoires sur les côtés de la poitrine et lui donner ensuite la tisane suivante, faite comme suit :

Graine de lin mise dans un linge . . . 1 assiettée.
Carottes coupées menu. . . . . . . 4 poignées.
Bouillon blanc ou guimauves. 2   »

Faites bouillir le tout pendant 25 minutes dans 8 à 9 litres d'eau ; laissez tiédir. Cela fait, donnez en 4 litres le matin à jeun et le reste dans la journée. Donnez aussi de l'eau blanchie avec du son ou de la farine.

Pour poser les sinapismes ou les vésicatoires, il faut couper les poils ras, puis frotter avec du vinaigre chaud. Cela fait, vous appliquerez une bonne couche d'onguent vésicatoire de Lebas. Le lendemain on applique une autre couche, mais bien légère.

Si la maladie ne cède pas après 3, 4 jours de ce traitement, on donnera la purgation suivante :

Sirop de nerprum. . . . . 120 grammes.
Aloës de barbades. 10   »
Eau tiède. . . . . 1 litre.

Mêlez et administrez en une seule fois, à jeun ; réitérez le surlendemain, s'il est utile, et continuez toujours la tisane.

Paralysie.

On nomme *paralysie* la perte de la sensibilité et du mouvement dans un ou plusieurs membres.

Elle est *générale* ou *partielle*. On la dit *générale*, quand tout le corps ou les quatre membres seulement sont affectés ; *partielle*, quand ce n'est qu'un membre ou une de ses parties.

La *paraplégie* est la paralysie du train postérieur qu'on nomme chez le cheval, reins, arrière-main.

L'*hémiplégie* s'applique à l'état dolent d'un des côtés du corps.

Traitement : Si cette maladie a été causée par une congestion sanguine de la moëlle épinière, faites une saignée de 2, 3 litres de sang, un peu plus, un peu moins, selon la force et l'âge de l'animal. Posez deux setons aux fesses et frottez les reins et le dos 2, 3 fois par jour avec l'eau sédative (dont vous trouverez la composition à la page 48.)

A l'intérieur donnez la tisane de carottes, de graine de lin et de pavots. Vous la composerez comme suit :

Graine de lin mise dans un linge. . .	1 asssiettée.
Carottes coupées menu	4 poignées.
Bouillon blanc.	2 »
Pavots (gros).	4 têtes.

Faites bouillir le tout 25 minutes dans 8 à 9 litres d'eau. Administrez tiède, 4 litres le matin à jeun et le reste dans la journée. Continuez ce traitement jusqu'à la guérison.

Vous donnerez également deux lavements par jour, composés comme suit :

Sel ammoniac.	32 grammes.
Essence térébenthine	15 »
Vin	1 litre.
Eau	1 »

Mêlez et administrez tiède en deux fois, matin et soir ; réitérez le lendemain et jours suivants, si c'est utile.

DES PLAIES

On nomme *plaie*, en chirurgie, la division des chairs produite dans le corps vivant, soit par une opération chirurgicale, soit par l'action fortuite d'un corps tranchant, contondant ou piquant d'une lame, d'un projectile ou d'une pointe.

Pansement des plaies par instrument
tranchant.

La première chose à faire c'est de lier les vaisseaux d'où l'on voit sortir le sang ; cela fait, on lave la plaie à grande eau d'abord, ensuite, à l'eau mélée d'eau-de-vie camphrée. On rapproche les chairs et la peau le plus exactement possible et on les maintient en cet état au moyen de bandes de sparadrap collées en travers de distance en distance. On lave ensuite avec la teinture d'aloës et on applique sur le tout des bandes de toile qu'on fixe avec le plus grand soin. Les pansements suivants se feront toujours avec la teinture d'aloës, à moins qu'il survienne des complications qui nécessitent un traitement plus approprié.

Pansement des plaies par contusion.

Les *contusions* guérissent facilement par l'application de bandes de linge imbibées d'alcool camphré et d'eau blanche par parties égales.

Renouvelez souvent, 6, 7 fois par jour. On compose le liniment comme suit :

Eau-de-vie camphrée . . . . 1 verre.
Extrait de saturne . . . . 60 grammes.
Eau. . . . . 1 litre.

Versez l'extrait de saturne dans l'eau, agitez la bouteille ; versez ensuite l'eau-de-vie camphrée, remuez bien le tout et employez selon le besoin et aussi souvent que nous l'avons dit.

Plaies par instrument piquant.

(Épée, fourche, bayonnette, croc de fer, clou, tesson, etc.).

Les plaies, par piqûre, sont plus dangereuses que par instrument tranchant, parce que les chairs sont déchirées.

Néanmoins, si elles sont simples, elles guérissent souvent d'elles-mêmes ou par une application d'eau-de-vie ou de teinture d'aloës.

Mais si elles sont profondes et larges, par conséquent susceptibles de réunion des chairs, elles doivent être pansées comme plaies suppurantes. Pour cela, il faut employer le *cérat*, l'onguent *populeum* pour calmer l'irritation et diminuer l'inflammation qui les accompagne. Ensuite, on met l'animal à la diète et on fait une saignée ou deux s'il est utile.

Plaies suppurantes.

Les *plaies suppurantes* doivent être préservées du contact de l'air ; il faut les couvrir de filasse fine chargée d'un corps gras et mou tel que le cérat camphré, l'onguent *populeum*, etc.

Si la plaie qu'on doit soigner date de longtemps, il faut employer des remèdes actifs pour donner aux chairs de l'énergie. On utilise le vin miellé ou térébenthiné, et s'il y a des bourgeons de mauvaises chairs, on les réprime avec l'alun calciné.

A l'intérieur on administre des breuvages faits avec la racine de gentiane ou des feuilles d'absinthe, 2, 3 litres par jour avec du son.

Des vers.

Les *vers* peuvent engendrer beaucoup de maladies quand ils se fixent dans l'estomac, ils causent l'inappétence, la météorisation, la constipation et à la suite la fièvre.

Quand ils se fixent dans l'intestin *colon* ils produisent les tranchées.

Quand ils se fixent dans le foie, ils produisent l'*ictère* ou jaunisse, la pourriture, la diarrhée

Quand ils s'introduisent dans les naseaux ils produisent le *coryza*, l'enchifrénement.

Sitôt qu'on s'aperçoit qu'un animal est atteint par les vers, il faut remédier à la situation.

Pour cela, donnez le breuvage suivant :

Huile empyreumatique. . . . . . . 30 grammes.
Essence de térébenthine 15   »
Œufs . . . . 2 jaunes.
Miel. 64   »
Eau. . . . . 1 litre.

Faites dissoudre les jaunes d'œufs dans un plat, versez l'huile aussi dans le plat, battez le tout pour faire le mélange, ensuite ajoutez l'eau chaude peu à peu, en ayant soin de remuer. Cela fait, mettez dans une bouteille-litre et administrez à jeun ce breuvage. Répétez ce breuvage 2 jours après, s'il est utile.

Gourme.

On nomme *gourme* une affection des membranes muqueuses du nez et des glandes de la ganache. Cette affection attaque tous les jeunes chevaux à l'âge de 2, 3, 4, 5 ans.

Il y a deux espèces de gourmes, la *bénigne* et la *maligne*.

La gourme se manifeste ordinairement par l'engorgement des glandes de dessous la gorge, par la tristesse, par la fièvre et par la perversion de l'appétit. L'animal a les yeux chassieux, il avale quelquefois difficilement et sa respiration est plus ou moins gênée, selon l'intensité de la maladie. Il jette par les naseaux une matière plus ou moins épaisse, blanche chez quelques sujets et jaune chez d'autres.

TRAITEMENT : Si la maladie est simple bénigne, il faut laisser faire la nature. Toutefois on tiendra le dessous de la gorge chaud au moyen d'une peau de mouton, ou d'un lainage quelconque ; on donnera de l'eau blanchie avec du son et quelques lavements de mauves. On lui fera faire une demi diète ; on lui appliquera sur les glandes engorgées 1, 2, 3 couches d'onguent *Basilicum*, une couche chaque jour, cela fera former l'abcès qu'on percera avec un canif ou bistouri. A cette époque l'animal est considéré comme guéri.

Mais la maladie ne suit pas toujours une marche aussi bénigne. Il arrive quelquefois quelle est très intense — elle gagne l'arrière-bouche, le gosier, etc., etc., — alors il faut faire une saignée et parfumer la bête, poser un seton au poitrail et donner des tisanes adoucissantes.

JURISPRUDENCE VÉTÉRINAIRE

MALADIES. — VICES RÉDHIBITOIRES.

On entend par *jurisprudence vétérinaire* les défauts ou maladies cachés dont se trouve atteint, au moment de la vente, un animal impropre au genre de service auquel on le destine.

Ces vices sont :

Pour le cheval, l'âne et le mulet.

La fluxion périodique des yeux.
Le farcin;
La morve;
La pousse;
L'épilepsie ou mal caduc;
Les hernies inguinales;
Les maladies anciennes de poitrine.
Vieilles courbatures;
L'immobilité;
Le cornage chronique;
Le tic sans usure de dents;
Les boiteries intermittentes pour cause de vieux mal.

Pour le bœuf.

La phthisie pulmonaire ;
L'épilepsie ou mal caduc ;
Les suites de la non délivrance ;
Le renversement du vagin ;

Après le part chez le vendeur.

Pour les moutons.

La phthisie pulmonaire ;
La clavée.

———————

Quand un animal de ces trois espèces se trouve atteint d'une de ces maladies, il y a lieu à la rédhibition. Le législateur a accordé pour le faire reprendre neuf jours, non compris le jour de la livraison. Ce délai même est porté à trente jours pour la fluxion périodique des yeux et le mal caduc ou épilepsie.

Etant produit, un cas rédhibitoire, ou si vous voulez mieux, un animal acheté récemment étant soupçonné d'être atteint d'une des maladies ou vices précités, il faut avant que le délai de neuf jours ou de trente, selon les cas, expire, présenter une requête au juge de paix du canton où se trouve l'animal, pour le prier de nommer un expert, afin qu'il procède dans le plus bref délai, à la visite dudit animal et fasse un rapport qui constate son état.

Au même instant, c'est-à-dire, toujours avant les neuf jours ou trente jours expirés, on ira trouver un huissier pour faire informer le vendeur par acte extra-judiciaire, de l'existence du vice soupçonné, et ces deux actes, c'est-à-dire la requête au juge de paix et la sommation au vendeur doivent être donnés par exploit d'huissier au vendeur, afin qu'il n'en ignore, dans le délai dit ci-dessus, sous peine de déchéance de tous droits.

La loi ne souffre aucune exception dans ces formalités.

Nous donnons, pour formule d'une requête à présenter au juge de paix du canton où se trouve l'animal soupçonné d'un vice rédhibitoire, un modèle qu'on pourra consulter au besoin.

A Monsieur le juge de paix du canton de...

Monsieur le juge de paix,

« Le sieur Picart J. voiturier à Beauvais, canton de
» Matha (Charente-Inférieure), a l'honneur de vous
» exposer que le jour de la foire de Rouillac (Charente),
» 27 du courant, il a acheté de M. Félix Carnus,
» marchand de chevaux à St-Jean-d'Angély, une jument
» sous poil gris, pommelée, hors d'âge, à tout crin,
» taille 1 m. 60 c. environ, moyennant la somme de
» 650 francs.

» Cette jument lui paraissant atteinte d'un vice ré-
» dhibitoire, l'exposant vous prie, M. le juge de paix,
» de nommer un vétérinaire pour expert, afin de faire
» la visite de cette jument et de constater le vice, s'il
» y a lieu, le tout en présence du vendeur ou lui
» dûment appelé, pour être ensuite statué, ce que de
» droit.

» Beauvais, le 25 juin 1871.

» J. PICART. »

CHOIX D'UN BON CHEVAL

Le cheval étant une marchandise trompeuse qu'on ne connaît que par l'usage et par la connaissance de certains caractères, il nous a paru utile de consigner ces caractères dans notre *Trésor de l'Agriculteur*, afin que les propriétaires puissent, en les étudiant soigneusement, faire choix de beaux et bons chevaux.

La connaissance de ces caractères est, en effet, de la plus haute importance, puisque le cheval est, de tous les animaux domestiques, celui qui rend le plus de services à l'homme ; compagnon de ses travaux et de ses fatigues, on le voit tirer de lourdes charges et partager ses périls dans les combats : d'un naturel doux et paisible, docile, intelligent, facile à guider, cet animal est toujours à la disposition de son maître, prêt à satisfaire ses besoins et ses caprices ; fort, vigoureux, ardent, il travaille souvent jusqu'à l'extinction de ses forces, et il n'est pas rare de le voir haletant, épuisé, mourir sous les harnais.

Après tant de qualités, il n'est pas étonnant que le monde hippique et agricole ait toujours consacré la plus grande partie de son temps et de ses ressources pécuniaires à provoquer sa multiplication et son amélioration, mais il n'a pu encore arriver au but que la mode et le besoin imposent, et les chevaux sans valeur, à jambes grêles, sous un corps lourd et massif dont il eut été facile de prévoir les défectuosités, d'après les étalons et les juments qui les ont engendrés, en sont une preuve palpable.....

À l'avenir, il ne devra plus en être ainsi, du moins, si l'on veut se donner la peine d'étudier les caractères ou formes de toutes les parties du corps du cheval telles que nous allons les décrire.

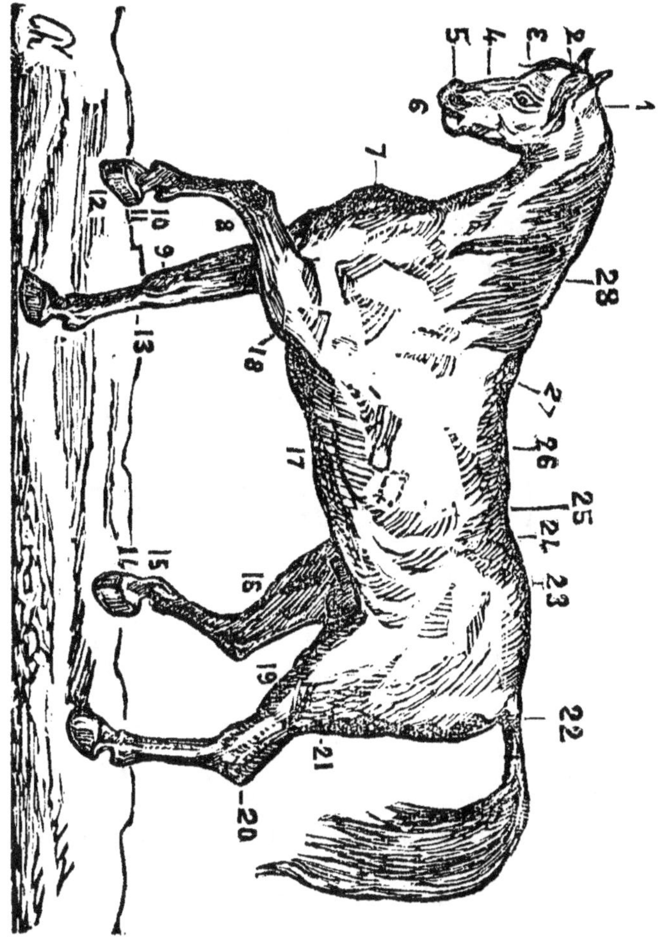

1. *La nuque.*— 2. *Le toupet.*— 3. *Le front.*— 4. *Le chanfrein.*—
5. *Le bout du nez.*— 6. *Les naseaux.*— 7. *Le poitrail.*— 8. *La cha-
taigne.*— 9. *Le genou.*— 10. *Le fanon.*— 11. *La couronne.*—12. *Le
sabot.*— 13. *Le canon.*—14. *Le paturon.*— 15. *Le boulet.*— 16. *Le
jarret.*— 17. *Le bas ventre.*— 18. *Le coude.*— 19. *Le grasset.*—
20. *Pointe du jarret.*— 21. *La cuisse.*— 22. *Tronçon de la queue.*
— 23. *La croupe.*— 24. *Le rein.*— 25. *Le flanc.*— 26. *Le dos.*—
27. *Les épaules.*— 28. *L'encolure.*

NOMS DES PARTIES EXTÉRIEURES DU CHEVAL.

On divise le cheval en trois parties, que l'on nomme *avant-main, corps, arrière-main*.

L'avant-main.

L'avant-main comprend la tête, le cou, le garrot, le poitrail et les jambes de devant.

Les parties qui composent la tête sont :

La nuque, le toupet, les oreilles, les tempes, le front, les salières, les yeux, la bouche, les lèvres, la mâchoire inférieure, le menton et la ganache.

Le cou se compose de la crinière et du gosier.

Le poitrail est formé du devant de la poitrine et de la fossette.

Les jambes de devant se composent chacune de l'épaule, du bras, du coude, de l'avant-bras, du genou, du canon, du tendon appelé nerf, du boulet, du fanon, du paturon et du pied ou sabot.

Le corps.

Le *corps* est composé de la poitrine et du ventre.
La *poitrine* se compose du dos et des côtes.
Le *ventre* se compose des reins et des flancs.

L'arrière-main.

L'arrière-main comprend la croupe, les hanches, les fesses, le tronçon de la queue, les aines, les cuisses, les jambes, le canon, le boulet, le fanon, l'ergot, le paturon, la couronne, les talons, la sole des talons et la fourchette.

Voici maintenant les qualités essentielles des parties extérieures qui composent le cheval :

La tête.

La tête doit être sèche et pas trop longue, la face antérieure large. Les *salières* ne doivent pas être enfoncées, les *oreilles* seront bien plantées, petites, droites et libres dans leurs mouvements, les *yeux* grands, à fleur de tête, transparents, la *prunelle* sans taches, claire, la *ganache* pas trop grosse ni serrée, ni chargée de chairs; les *naseaux* grands, bien ouverts, la *bouche* médiocrement fendue.

L'encolure.

L'encolure ou cou varie suivant les races, elle ne doit pas être *penchante*, c'est-à-dire qu'elle ne doit pas déverser ni à droite, ni à gauche; il ne faut pas qu'elle soit *fichée* dans la poitrine, ni *mal sortie*, c'est-à-dire sortir du poitrail et se séparer des épaules d'une façon trop tranchée.

Le garrot.

Le *garrot* ne doit pas être bas de devant, ni rond, ni charnu. Cet état le prédispose aux blessures qui sont toujours difficiles à guérir.

Le poitrail.

Le *poitrail* ne doit pas être serré de devant, autrement il annoncerait une poitrine mauvaise, exiguë.

Cependant, il y a des conformations dans les chevaux qui font exception, notamment dans les chevaux de course, car ils sont serrés de devant, mais il faut remarquer que leur poitrail étroit est compensé par la hauteur, et que les poumons s'y développent bien.

Le dos.

Le *dos* ne sera pas trop long ni *ensellé* chez les chevaux de selle, parce que cet état exclut la force. Chez les chevaux de trait il sera droit, un peu voûté.

Les Flancs.

Les *flancs* ne doivent pas être trop creux, cordés, ni retroussés. Ces défectuosités graves sont l'indication de quelque maladie.

Le ventre.

Le ventre ne sera pas trop gros, il dénote un animal

lent et paresseux ; il ne doit pas non plus être levreté, c'est-à-dire avoir le ventre de lièvre. En d'autres termes, il ne doit pas être étroit de *boyaux*, parce que les digestions dans ces chevaux s'opèrent mal, et ils se ruinent vite.

La croupe.

La *croupe* ne doit pas être avalée, c'est-à-dire serrée dans son train de derrière.

La queue.

La *queue* doit être placée à la naissance des fesses et horizontale au dos.

Les épaules.

Les *épaules* ne doivent pas être trop charnues dans le cheval de selle surtout, cela le rend lourd dans les mouvements ; elles ne doivent pas non plus être serrées, car elles exposent l'animal à tomber et à se couper.

L'avant-bras.

L'*avant-bras*, les muscles de l'*avant-bras* ne doivent pas être maigres, cela indique un cheval faible et sans énergie. Dans les chevaux de selle, de diligence, de cabriolet, l'avant-bras sera long et le canon court ; cela indique que l'animal est propre à la course.

Le coude.

Le *coude*, qui est formé par la partie supérieure de l'avant-bras, doit être parallèle au corps, c'est-à-dire qu'il ne doit pas s'accoler aux côtes de la poitrine ; quand cela a lieu les pieds tournent en dehors, et alors on dit que le cheval est panard ; si, au contraire, il tourne les pieds en dedans, on dit qu'il est cagneux.

Le genou.

Le *genou* est formé par la réunion de l'avant-bras au canon, il ne doit pas être étroit, c'est un vice, il ne doit pas sortir en dehors, le cheval est dit alors *arqué* ; dans cet état, le cheval est supposé usé, fatigué ; il ne doit pas non plus être enfoncé, ni porté en dedans. Si les genoux, au lieu d'être recouverts d'une peau sèche et adhérente, présentent une peau molle, infiltrée ; c'est une marque d'un tempérament lymphatique.

Le canon.

Le *canon* est situé entre le genoux et le boulet, il doit être large, un peu aplati et uni, le tendon doit être fort et détaché du canon : un canon gros *empaté*, ce que l'on voit dans les chevaux de race commune et élevés dans les marais, indique un tempérament lymphatique et une disposition aux *eaux aux jambes*.

Le Boulet.

Le *boulet* doit être sec, lorsqu'il présente un trop grand volume dû à l'abondance du tissu cellulaire, on dit qu'il est *empaté*.

Le Paturon.

Les chevaux qui ont le paturon trop long, on dit qu'ils
sont longs-jointés ; dans ce cas, les allures sont douces,
agréables, gracieuses, mais il résiste peu à la fatigue ;
si au contraire le paturon est droit, presque perpendi-
culaire, on dit alors que le cheval est *droit sur ses membres*. Ce défaut est grave, parce qu'il peut rendre, par
la suite, le *cheval bouleté* et le mettre bientôt hors de
service.

DÉFAUTS DES JAMBES DE DERRIÈRE

De la hanche.

Les hanches ne doivent pas être trop saillantes, quand
cela a lieu, comme dans le mulet, elles constituent
un cheval cornu. Ce n'est un défaut que quand l'animal
est vieux et usé.

Des fesses.

Les *fesses* sont dites *mal gigottées* quand les cuisses
manquent de chairs et qu'elles sont serrées.

Des jarrets.

Les jarrets doivent attirer toute l'attention de l'ache-
teur ; pour être bons, il faut qu'ils soient larges, ner-
veux et secs, il ne faut pas qu'ils soient trop droits, ni

trop rapprochés l'un de l'autre ; ils doivent être exempts
de *vessigons*, de *courbes* et de *jardes*, *éparvins*, etc., etc.,
vices que nous avons décrits à la page 41, 42 et 43.

Du pied.

Le pied du cheval est sujet à un grand nombre de
maladies et de défectuosités. Nous les avons décrites en
partie à la page 36, 37 et suivantes.

Par conséquent nous ne parlerons ici que des pieds
plats, des pieds combles et des pieds encastelés, pour en
indiquer la bonne ferrure.

Pied plat.

On dit que le pied est plat lorsque la fourchette est
presque de niveau avec le bord de la corne ; dans cet
état elle est exposée, à chaque instant, à être foulée,
contusionnée par les chemins raboteux et caillouteux.

Ce pied est grand et la corne friable, les talons sont
peu élevés, aussi sont-ils très sujets à la *fourbure*, aux
bleimes et aux *oignons*. On remédie à ce défaut par la
ferrure, il faut un fer plus ou moins couvert, on pare
peu le pied et on ferre à froid.

Fer pour pied plat

Pied comble.

Le pied comble est celui qui a la sole plus haute que la corne ; ce défaut existe plus particulièrement dans les chevaux élevés dans les marais. Pour remédier à ce défaut, il faut un fer *à bords renversés* avec les éponges étroites et épaisses en dedans.

Pied comble vu en dessous

Pied comble

Pied encastelé.

Le pied encastelé est celui dont les talons sont si serrés et pressent si fort le petit pied, qu'ils empêchent l'animal de marcher à son aise et le font souvent boiter. On a adopté le fer à planche pour ces pieds.

Pied encastelé vu en dessous

Pied encastelé

Tableau indiquant les défauts du cheval.

1. *Couronné.* — 2. *Suros.* — 3. *Molettes.* — 4. *Nerf ferrure* —
5. *Malandres.* — 6. *Courbes.* — 7. *Eparvin.* — 8. *Molettes.* —
9. *Javart tendineux.* — 10. *Jardons.* — 11. *Capelets.* — 12. *Vessigons.*

MALADIES DES RUMINANTS

BŒUFS.

La constitution et le tempérament des bêtes à cornes étant différents de ceux du cheval, les maladies se trouvent indubitablement modifiées, soit dans leur forme, soit dans leur marche, soit dans leur terminaison.

Ainsi, chez le cheval, on trouve la dentition complète, un seul estomac, l'œsophage construit de manière à ce que le vomissement ne peut avoir lieu, le pied est terminé par un seul doigt enveloppé d'un sabot corné, etc., etc.

Le bœuf, au contraire, a une dentition incomplète, quatre estomacs, l'œsophage se terminant au rumen en forme d'entonnoir, le pied terminé par deux doigts. Tout cela indique bien que le traitement des maladies doit être différent.

C'est pourquoi nous nous sommes déterminé à faire connaître aux cultivateurs les signes aux moyens desquels on peut connaître telle maladie chez les ruminants et l'espèce de médication qui est la plus efficace pour la combattre.

Angine.

On nomme *angine* une inflammation du fond de la gorge, *larynx, pharynx, etc.*

Cette affection débute par une douleur à la gorge,

avec difficulté d'avaler les aliments et les boissons : l'animal à la fièvre.

TRAITEMENT : Faites une saignée, deux s'il le faut ; ensuite, donnez la tisane composée comme suit :

Carottes coupées menu . . . . 4 poignées.
Bouillon blanc ou guimauves . . . . . 2 »
Graine de lin . . . . 1 assiettée.

Faites bouillir dans 8 à 10 litres d'eau, pendant 20 à 25 minutes. Cela fait, administrez 4 litres le matin à jeun et le reste dans la journée; vous frotterez le dessous de la gorge, 2 fois par jour, avec l'eau sédative ; vous ferez un *gargarisme* avec deux poignées d'orge, une poignée de plantain et deux litres d'eau, et vous en laverez avec un pinceau garni de linge fin, 2, 3 fois par jour, la bouche de la bête. Continuez ce traitement jusqu'à la guérison.

Angine croupale.

On connaît que l'animal a le croup quand il a la toux fréquente, quinteuse, la respiration sifflante, les naseaux dilatés, ouverts, la bouche béante et que l'animal ne mange pas, qu'il a le pouls petit et dur et qu'il jette des fausses membranes par la bouche.

TRAITEMENT : Au début, il faut faire le même traitement que pour l'angine simple : une, deux saignées de deux litres et demi de sang environ, selon l'âge et la force du sujet; ensuite on administre la tisane de graine de lin, de carottes, etc., faite comme ci-dessus. On applique un seton au fanon, on frictionne la tête et le dos, 2, 3, 4 fois par jour, avec l'eau sédative.
Si la maladie persiste, on applique deux sinapismes sur les cotés de l'encolure. On donne des breuvages nitrés et des lavements irritants.

Cocote (*fièvre aphteuse*).

Cette maladie n'apparaît que tous les 6, 7 ans, elle débute par des frissons et la diminution de l'appétit, puis, quelques jours après, on voit apparaître dans la bouche et entre les onglons des ampoules pleines de sérosité ; la peau de la langue se soulève et se détache avec facilité, des ulcères se forment, la salive devient filante et abondante, la bouche est chaude, la respiration fréquente et le mufle sec. L'animal ne peut manger le foin, mais il recherche le fourrage mou et vert.

Des phénomènes semblables à ceux qui se passent dans la bouche surviennent en même temps aux pieds, entre les onglons, là aussi des ampoules se forment, s'abscèdent et passent à l'état d'ulcères dont le pus corrode les parties qu'il touche, décolle le sabot et fait horriblement boiter l'animal.

TRAITEMENT : La maladie n'étant pas en général bien grave, on donne des boissons blanches et chaudes, on fait des *gargarismes* avec de l'orge, du plantain, du vinaigre et du miel, on en touche tous les ulcères de la bouche avec un pinceau, 2, 3, 4 fois par jour, on lotionne également les ulcères des pieds avec de la suie de cheminée et du vinaigre mêlés.

Ces moyens sont en général suffisants pour triompher de la maladie; il peut arriver, néanmoins, que les ulcères des pieds résistent à ce traitement; il faut alors avoir recours à des médicaments plus forts, tels que l'eau de vitriol ou l'onguent Egyptiac.

Catarrhe nasal (*Coryza*).

Le catarrhe nasal du bœuf est une maladie qui peut devenir grave selon les parties de la tête que l'inflam-

mation gagne ; elle peut se présenter sous deux états :
à l'état aigu et à l'état chronique.

Signes : A l'état aigu, l'intérieur du nez est rouge,
sec, boursouflé, le mufle est quelquefois engorgé, le
pouls plein et dur, la respiration filante, les cornes
chaudes à leur base, les yeux rouges, larmoyants.
L'animal porte la tête en avant.

Traitement : Au début de la maladie, faites une
saignée de 2 litres et demi de sang, un peu plus, un
peu moins, selon l'âge et la force du sujet ; frictionnez
l'animal sur le dos et la tête avec l'eau sédative pendant dix minutes ; frictionnez les jambes avec du vinaigre et de l'essence de térébenthine, puis couvrez-le bien
avec des couvertures de laine ; parfumez-le 2 fois par
jour avec des feuilles de laurier, de romarin et de
sauge, que vous ferez bouillir dans un chaudron d'eau.
Si la maladie résiste à ce traitement, appliquez un
seton au fanon et deux sinapismes au cou, derrière les
oreilles. Les sinapismes vous les composerez comme
suit :

Farine de moutarde . . . . . . 6 poignées.
Vinaigre chaud, quantité suffisante pour faire une
    pâte de la consistance du miel.

Cela fait, coupez le poil ras, frottez bien avec du
vinaigre la peau où vous avez coupé le poil et appliquez
le sinapisme ; donnez des lavements faits avec de l'eau
de savon ou de l'eau salée, puis purgez la bête avec le
médicament suivant :

Aloës soccotrin. . . . . 30 grammes.
Sulfate de soude 120   »
Eau . . . . 1 litre.

Faites fondre l'aloës dans l'eau chaude, ajoutez le
sel de soude ; agitez bien la bouteille et administrez ;
donnez également la tisane de carottes, graine de lin et
bouillon blanc, que vous ferez comme il est indiqué à
la page 78.

Catarrhe des cornes.

On connaît que le catarrhe siége aux cornes et aux synus, quand l'animal tient la tête basse et penchée sur l'un des côtés, quand les cornes sont chaudes à leur base, qu'elles rendent un son mat lorsqu'on y frappe dessus, que l'intérieur du nez est plutôt pâle que rouge, qu'il n'y a point de jetage, ou, s'il existe, la matière est peu abondante et de consistance huileuse, sa marche est difficile, la digestion ne se fait pas bien, l'appétit est irrégulier, et il y a des intermittences de diarrhée et de constipation.

Traitement. Coupez la corne du côté le plus malade ; faites pencher la tête pour que la matière sorte plus facilement ; forcez la bête à secouer la tête en lui introduisant du vinaigre dans l'intérieur des oreilles, afin que le pus sorte ; cela fait, on panse la plaie avec de l'onguent *basilicum* ou le digestif pour la faire suppurer.

A cet effet, vous couvrirez la plaie avec de la filasse fine ointe d'onguent et une bande de toile pour la fixer, mais avant injectez du vin miellé dans l'intérieur des synus.

Vous ferez les pansements suivants avec le même soin et de la même manière ; toutefois, on injectera toujours dans l'intérieur de la corne du vin miellé tiède pour nettoyer complétement les synus, et si la suppuration était très abondante, on peut la modérer au moyen de quelques injections faites avec l'eau blanche.

La suppuration de la corne sera entretenue jusqu'à la guérison du catarrhe.

Si après 6 à 8 jours le mal ne cède pas, c'est qu'il tend à passer à l'état de gangrène ; vous le connaîtrez aux signes suivants :

Le mufle et les ailes du nez sont gros, la face est enflée, les paupières également, les yeux sont larmoyants, l'intérieur du nez est rouge violacé, il y a jetage par les narines : dans ce cas, la mort est proche.

Diarrhée des bêtes à cornes.

La *diarrhée* est une inflammation de la muqueuse intestinale, elle est caractérisée par l'abondance des évacuations des matières fécales plus ou moins fluides.

Lorsque cette maladie dure longtemps, elle fait maigrir le sujet.

TRAITEMENT : Prenez :

Graine de lin mise dans un linge . . . . 1 assiettée.
Graine de riz . . . . 3 poignées.
Carottes coupées menu 3   »
Pavots. . . . . 4 têtes.

Faites bouillir le tout dans 8 litres d'eau pendant 20 à 25 minutes dans une marmite; donnez de cette tisane 4 litres le matin à jeun et le reste dans la journée, jusqu'à la guérison.

Chez les jeunes veaux, la diarrhée est souvent grave, aussi il faut s'empresser de la combattre.

Pour cela vous prendrez :

Magnésie décarbonatée. . . . . . . 12 grammes.
Miel. . . . . 1 verre.

Mêlez et faites avaler à l'animal.

On peut encore donner quatre jaunes d'œufs délayés dans un verre et demi de vin, jusqu'à la guérison.

Maladie de l'estomac (*Faiblesse, atonie*).

On connait que l'estomac d'un bœuf est faible lorsqu'il refuse de manger et que la rumination est suspendue, sans qu'il y ait fièvre ni autres signes de maladie.

Dans ce cas, on donne à l'animal 1 litre d'eau dans

lequel on aura fait bouillir pendant 20 minutes 60 gr. de racines de gentiane.

On peut encore donner cette gentiane en poudre mêlée avec le son ou l'avoine ; ce moyen ramènera l'appétit et la rumination.

Indigestion avec surcharge d'aliments.

Cette maladie est grave et difficile à guérir.

SIGNES : L'animal refuse de manger et de boire, il ne rumine pas, il a des frissons réitérés, son flanc est distendu, molasse et conserve l'impression de la main, le flanc est soulevé par des gazs et par intervalles, la bête ne fiente pas, son pouls est petit et dur, les yeux sont rouges et enfoncés dans leurs orbites ; la marche de la maladie est lente et peut durer 15 à 20 jours.

TRAITEMENT : Le breuvage excitant indiqué plus haut à la faiblesse d'estomac sera administré tout d'abord pendant 1, 2, 3 jours ; il réveillera les forces épuisées de l'estomac. Si, après 4 jours de ce traitement, la maladie ne cède pas, on donnera le purgatif suivant :

Aloës soccotrin . . . . 15 grammes.
Ipécacuanha. . . . . 8 »

Miel, quantité suffisante pour faire le mélange.

On répétera, s'il est besoin, ce purgatif pendant 2, 3 jours ; on peut également donner quelques aliments, mais en bien petite quantité.

Indigestion venteuse.

Cette variété de maladie est très fréquente au printemps et en automne ; elle débute promptement, sa marche est rapide et sa terminaison toujours funeste quand on n'y remédie pas vite.

Signes : L'animal ne mange pas et ne rumine pas, le flanc gauche est soulevé, enflé, en y frappant dessus il résonne, la respiration est difficile, les yeux sont saillants, le pouls est petit et dur, presque inexplorable.

Traitement : Sitôt qu'on s'aperçoit qu'un animal est dans le cas de météorisation, on administre le breuvage suivant :

Ammoniaque liquide . . . . 30 grammes.
Eau froide. . . . . 1 litre.

Mêlez et administrez, puis donnez 3, 4 lavements d'eau salée et attendez l'effet, qui doit se produire dans 20 à 30 minutes.

S'il ne se produit point, que l'animal éprouve une grande difficulté de respirer et que l'asphyxie soit imminente, percez le flanc gauche avec un bistouri ou un couteau pour donner issue au gaz qui est renfermé dans l'estomac, ce gaz évacué, faites une suture à la peau et couvrez la plaie avec un emplâtre de poix noire.

Si après cette opération l'animal reste un peu étonné, faites une saignée pour faire cesser la stase sanguine dans le poumon, mettez-le à la diète et ne donnez que de l'eau blanchie avec de la farine pendant 2, 3, 4 jours.

Indigestion laiteuse des jeunes veaux.

Cette maladie, toute particulière aux jeunes veaux qui tettent, n'est qu'une indigestion avec surcharge de la caillette.

Signes : Le veau refuse de prendre la mamelle, son flanc gauche est gonflé, des vents se dégagent par sa bouche et il baille souvent, il a la langue blanche ou jaunâtre et la diarrhée.

Traitement : Au début, il faut donner la tisane de camomille romaine, 1 poignée dans un litre d'eau bouillante, et l'administrer en deux fois.

Quand il y a diarrhée on donne 20 grammes de sulfate de magnésie en poudre mêlée avec du miel, et on ne laisse pas téter le veau tout son soûl afin d'éviter la récidive.

Maladie des intestins (*entérite*).

Les maladies des intestins, chez le bœuf, sont beaucoup moins fréquentes que celles de l'estomac ; en effet, on ne trouve pas chez eux l'accumulation des matières fécales et la formation de pelotes stercorales qu'on trouve si souvent chez le cheval.

Signes : Un bœuf qui souffre d'une maladie intestinale éprouve des douleurs plus ou moins violentes, il piétine, cherche à frapper son ventre avec le pied de derrière, se couche, se relève, refuse de manger et de boire ; il ne rumine pas, ses excréments d'abord rares deviennent bientôt fluides et abondants, son pouls est dur et fort, il a les yeux rouges et le mufle sec.

Dans cet état, la maladie peut n'exister qu'un ou deux jours, mais le plus souvent la maladie n'est pas si violente, l'animal fait entendre quelques légères plaintes, reste longtemps couché, appuie son mufle sur sa poitrine, il fiente peu.

Traitement : Il faut faire 1, 2 saignées de 2 litres à 3 chaque, selon l'âge et la force de la bête, ensuite on donne une tisane émolliente composée comme nous l'avons indiqué pour la diarrhée, page 82.

Quand le mal est apaisé, il faut appliquer un seton au fanon et donner un purgatif fait comme suit :

Sulfate de soude . . . . 500 grammes.
Miel 250   »
Eau tiède . . . . 1 litre.

Mêlez et administrez en une seule fois.

Vous continuerez la tisane, mais si la maladie a passé à l'état chronique, il faut laisser la tisane émolliente et donner une décoction de chicorée ou de gentiane.

Maladie de poitrine *(pleurésie, pneumonie.)*

On entend par *maladie de poitrine* l'inflammation de la plèvre et du poumon.

Signes : Cette maladie se manifeste par une grande difficulté de la respiration et par une petite toux sèche ; l'animal éprouve des frissons, il a la fièvre, il a soif et point d'appétit, il ne se couche pas.

Traitement : Au début, faites une saignée, et le lendemain la réitérer s'il le faut ; ensuite, donnez une tisane faite comme suit :

Graine de lin mise dans un linge. . . . 1 assiettée.
Carottes coupées menu . . . . 4 poignées.
Racines de guimauves . . . . 3 »
Bouillon blanc. . . . . 2 »

Faites bouillir le tout dans 8 à 10 litres d'eau pendant 20 à 25 minutes ; donnez de cette tisane 4 litres le matin à jeun et le reste dans la journée ; tant que durera la maladie, frictionnez les côtés de la poitrine et le dos avec l'eau sédative, appliquez-y des linges mouillés avec cette même eau.

Si la maladie ne cède pas dans 3, 4 jours, il faut purger la bête 1, 2 fois, selon le besoin, avec le composé suivant :

Aloës . . . . 30 grammes.
Sulfate de soude . . . . 120 »
Eau . . . . 1 litre.

Mêlez et administrez à jeun. Continuez la tisane.

Pommelière *(phthisie pulmonaire).*

La *pommelière* est une inflammation du poumon et quelquefois de la plèvre en même temps.

Cette maladie a trois degrés :

Au 1er *degré* l'animal fait entendre une toux petite, faible et traînée, sans expectoration, il a le poil sec, mort, la respiration est irrégulière, accélérée au moindre exercice, l'appétit est bon et l'animal profite comme s'il n'était pas malade.

Au 2me *degré* la toux est plus fréquente, avortée, rauque, l'animal jette par les naseaux un mucus grumuleux, la respiration est irrégulière, son œil est terne, la peau sèche adhérente, la démarche lente ; dans sa poitrine on entend un râle sibilant et des crépitements, l'appétit est diminué, le flanc gauche enfle au moindre exercice, et le lait chez la vache diminue.

Au 3me *degré* l'animal est perdu, ainsi qu'au 2me. Dans ce cas, le mieux est de le livrer à la basse boucherie pendant qu'il a encore quelque valeur.

Cette maladie est classée dans les cas rédhibitoires ; on peut donc, si l'animal est vendu, le faire reprendre en se conformant aux prescriptions de la loi, ainsi que je l'ai rapporté à la page 61, 62 et 63 de ce livre.

Epilepsie *(mal caduc).*

On entend par *épilepsie, mal caduc,* une affection (névrose) du cerveau qui s'annonce par des convulsions venant de temps en temps par accès chez l'animal.

SIGNES : La bête qui en est atteinte grince des dents, mugit quelquefois, respire plus ou moins librement, mais en général les accès se déclarent tout à coup sans signes aucun.

Pendant l'*accès*, la tête et les mâchoires se crispent, se convulsionnent, la respiration s'accélère, la bouche est écumeuse, la langue épaisse, pendante, les yeux pirouettent dans leurs orbites et l'animal tombe ; la chute n'a pas toujours lieu, mais c'est rare.

Après l'*accès*, qui dure très peu, la bête se relève, est tranquille, courbe son dos, se secoue et paraît tout étonnée, elle reste un moment comme hébétée.

Les intervalles des *accès* ne sont pas réguliers, on les voit apparaître du 25ᵉ au 30ᵉ jour, quelquefois plus tôt, quelquefois plus tard.

Cette maladie ne se guérit pas, il faut engraisser l'animal et le vendre à la boucherie.

L'épilepsie est un cas rédhibitoire, le délai pour intenter l'action est de 30 jours (voyez la formule page 62 et 63).

Paralysie des reins.

Cette affection n'est pas rare chez le bœuf et chez la vache surtout, elle survient subitement ; quelquefois elle s'annonce longtemps à l'avance. Lorsqu'elle se déclare tout à coup l'animal tombe et ne peut plus se relever ; son appétit est néanmoins bon, il rumine comme s'il n'avait rien.

TRAITEMENT : Frictionnez le dos et les jambes de haut en bas 2, 3, 4 fois par jour avec l'eau sédative que vous composerez comme il est indiqué à la page 48, ensuite couvrez l'animal pour le tenir chaud et donnez-lui la tisane de graine de lin, de carottes, de bouillon blanc et de guimauves, faite comme il est indiqué à la page 82.

Si la maladie se déclare avec apparence de congestion sanguine dans la moëlle épinière, ce qui est annoncé par la fièvre, on fera une saignée avant les frictions d'eau sédative.

Eléphantiasis *(fièvre angioténique.)*

Cette maladie est une affection générale des vaisseaux capillaires sanguins et lymphatiques.

Signes : A l'état aigu, l'animal est chaud, brûlant sur toute la surface du corps, il a la face interne des cuisses très rouge, la peau épaisse au cou, au fanon, le nez est enflé, les yeux engorgés, rouges, injectés, la bouche chaude d'où il s'échappe beaucoup de salive filante, il a la marche difficile, un craquement se fait quelquefois entendre dans les articulations quand on le fait marcher, son pouls est fort : il y a constipation.

Si la maladie fait des progrès, on voit apparaître des gerçures aux plis des genoux et des jarrets, un jetage abondant a lieu par les narines, la matière sèche sur le nez et la respiration devient difficile.

Traitement : Au début, faites 1, 2, 3 saignées. S'il le faut, parfumez la bête avec mauves, guimauves, donnez-lui une tisane de carottes, graine de lin, bouillon blanc, telle qu'elle est indiquée à la page 82 ; donnez-lui de l'eau blanchie tiède à boire et des lavements de mauves 5, 6 par jour ; à l'extérieur faites des frictions irritantes sur les parties engorgées avec le liminent suivant :

Essence de térébenthine . . . . . . 60 grammes.
Onguent de laurier. 60   »

Mêlez et frictionnez.

Si, après 3, 4 jours de friction, les grosseurs ne suppurent point, ouvrez-les avec un fer chauffé à blanc.

Fracture des cornes.

La fracture des cornes est un accident qui arrive

assez souvent; bien que n'étant pas grave, il peut néanmoins le devenir quelquefois, comme, par exemple, quand la fracture s'est faite très proche de la tête et que la gaine cornée a été intéressée.

Traitement : Ici il peut se présenter deux cas : la cassure a lieu au milieu de la corne ou très proche de la tête.

Dans le premier cas, il n'y a qu'à scier au-delà de la cassure vers la tête et puis couvrir le mal avec des étoupes fines imprégnées d'un mélange fait avec quatre glaires d'œufs et de l'eau-de-vie, battues ensemble.

Quand la fracture est grande, complète, près de la tête, il faut régulariser le tronçon de la corne d'un coup de scie ou autrement, et ensuite appliquer sur la plaie la filasse et les blancs d'œufs battus ensemble, comme ci-dessus, mais avant, il faut faire écouler les caillots de sang. S'il arrive un écoulement de sang, faites des lotions d'eau froide et de vinaigre sur la tête.

On ne lèvera cet appareil que 12 jours après, même un peu plus tard, à moins que l'animal vienne à pencher la tête de côté, dans ce cas le pus s'est accumulé dans la corne et dans les synus, alors on lève l'appareil pour donner issue au pus et on panse comme la première fois.

Maladie de la matrice *(métrite)*.

La vache est très sujette aux inflammations de la matrice, soit avant la plénitude, soit pendant, soit après.

Inflammation de la matrice après le part.

Signes : La nature est enflée, son intérieur est rouge, chaud, violacé, les mamelles sont flétries, douloureuses, elles contiennent peu de lait, le dos est courbé en haut, le pouls bat fort et vite, la rumination est suspendue, l'appétit presque nul.

TRAITEMENT : Faites 1 saignée, puis 1 autre le lendemain, ensuite donnez la tisane suivante :

Graine de lin mise dans un linge. . .   1 assiettée.
Carottes coupées menu . . . . . .   4 poignées.
Bouillon blanc.   2   »
Pavots . . . .   4 têtes.

Faites bouillir le tout dans 8 à 10 litres d'eau, dans une marmite, pendant 25 minutes ; mettez la vache à la diète plus ou moins sévèrement, selon que la maladie est intense ; donnez 3, 4 lavements par jour, appliquez un cataplasme de mauves et de graine de lin sur les reins.

Si après 4, 5, 6 jours la maladie ne cède pas, ajoutez 15 à 20 grammes de laudanum dans la tisane, une fois seulement par jour ; appliquez des sinapismes sous le ventre et frictionnez les jambes avec du vinaigre chaud et du sel, 2, 3 fois par jour.

Boiterie, entorse, etc. (*efforts d'onglons, du boulet*)

Les bœufs sont très sujets aux boiteries causées par la distention des ligaments qui unissent les os les uns aux autres.
Lorsqu'un effort d'onglons ou du boulet a lieu, faites prendre de suite des bains de rivière, s'il est possible, ou dans une mare pendant deux heures le matin et deux heures le soir. L'animal sorti de l'eau, frictionnez la partie douloureuse avec de l'eau blanche et de l'eau-de-vie camphrée mêlées par parties égales, et enveloppez-la avec un linge trempé dans cette même eau; mouillez 2, 3 fois par jour ce linge.

L'eau blanche, vous la composerez comme suit :

Extrait de saturne . . . . 65 grammes.
Eau . . . . 1 litre.

Mêlez et agitez la bouteille.

Cela fait, employez-la comme cela est indiqué. On fait ce traitement pendant 4, 5 jours, un peu plus, un peu moins, selon que la maladie le demande.

Si, par hasard, au bout de 3, 4 jours de traitement le mal s'aggravait, il faut avoir recours aux cataplasmes de farine de lin et de morelle pendant 3, 4 jours; si après ce délai le mal n'avait pas cédé, vous ferez 2, 3 applications de l'onguent suivant :

Onguent basilicum camphré. . . . 60 grammes.
Essence de térébenthine 15   »

Mêlez et frottez la partie douloureuse.

Efforts d'épaule, de la cuisse (*ici, trois cas*

peuvent se présenter).

1° La boiterie est causée par un tiraillement, distention des ligaments, sans qu'il y ait déplacement de l'os. Ce cas-là n'est pas grave.
2° La boiterie peut avoir lieu avec déchirement de quelques fibres des tendons ou des muscles; dans ce cas, la boiterie devient forte, la partie est douloureuse à la moindre pression : il y a chaleur, gonflement.

TRAITEMENT : Dans ces deux cas, la médication est à peu près la même. Il faut, au début, faire des lotions d'eau froide glacée sur la partie malade pendant longtemps, puis faire des frictions avec l'eau blanche et l'eau-de-vie camphrée, mêlées par parties égales, 2, 3 fois par jour, jusqu'à la guérison, qui ne peut se faire attendre.

Si le mal est ancien, qu'il date de quelque temps, faites le remède suivant :

Huile de laurier . . . . 60 grammes.
Huile camphrée . . . . 90 »
Essence de térébenthine . . . . . 60 »
Ammoniaque liquide . . . . . . 30 »

Mêlez et agitez bien la bouteille ; cela fait, coupez le poil où est le mal, ensuite prenez 3, 4 ou 5 cuillerées de ce liniment et frottez ferme avec la main sur toute l'épaule ; quarante-huit heures après, faites une seconde friction et attendez la guérison.

La boiterie est causée par le déplacement de l'os, articulation luxée ; ce cas-ci est le plus grave. Il faut remettre l'os en place tout de suite avant que l'enflure s'établisse.

Voici comment on procède :

On fixe l'animal par la tête à un arbre, à un poteau, un aide prend la jambe malade avec une corde passée dans le paturon, l'étend fortement en avant en la dirigeant en haut vers la corne. Un autre aide prend l'épaule avec une serviette ; qu'il passe sous l'ars et tire en arrière pour faire la contre-extension ; l'opérateur cherche à remettre l'os à sa place : un bruit de craquement, qu'on entend au moment où l'os reprend sa place, prouve que la réduction est faite.

Alors on prend de la poix noire qu'on fait fondre dans un vase et des étoupes coupées minces pour former un emplâtre qui ait de la consistance. Ce mélange fait, on le retire du feu et on l'applique tout chaud sur l'articulation ; on le couvre ensuite d'une grosse toile, sur laquelle on met une autre couche de poix sans filasse ; la bête doit rester dans un repos absolu pendant quelques jours. Cela étant bien fait, et la luxation ne reparaissant pas après 4, 5, 6 jours, il n'y a plus à craindre la récidive ; on s'occupe de combattre l'enflure ; pour cela on emploie l'eau blanche composée comme cela est indiqué au traitement *de l'épaule* (page 92.)

Mal aux yeux.

La maladie des yeux peut être déterminée par plusieurs causes : par des coups, par des vers, par des substances irritantes telles que poussière, barbes de blé, graines de foin, etc., etc.

TRAITEMENT : La première chose, d'abord, est de regarder l'œil pour voir s'il n'y a pas quelque corps dedans ; s'il y en a, il faut l'extraire, puis on lavera l'œil avec une infusion de fleurs de sureau 3, 4 fois par jour.

Si le mal date de quelques jours et que l'œil soit chassieux, qu'il suppure, faites des lotions avec l'eau blanche composée comme suit :

Eau. . . . . 1 litre.
Extrait de saturne . . . . 30 grammes.

Mêlez et agitez la bouteille et bassinez l'œil 2, 3 fois par jour ; mettez une compresse mouillée de cette eau et la guérison ne peut se faire attendre.

Si, après que l'inflammation a disparu, il reste une tache, taie, vous la combattrez en appliquant 2, 4, 6 fois dans l'œil, au-dedans des paupières, gros comme un pois, la pommade suivante :

Axonge . . . . 8 grammes.
Azotate d'argent. . . . . 10 centigrammes.

Mêlez et employez comme il est indiqué.

Engorgement *(œdème du fanon).*

Le fanon des bœufs est très souvent enflé ; la grosseur devient souvent énorme. Cette enflure est due quelquefois à un amas de sang accompagné de chaleur.

TRAITEMENT : Faites une saignée au cou, à la veine

jugulaire, ensuite percez la tumeur en plusieurs endroits avec un canif ou un bistouri ; laissez bien saigner, après cela, lavez la grosseur avec de l'eau de sureau et du plantain, ou avec de l'eau de Goulard. Celle-ci se compose comme suit :

Extrait de saturne . . . . 60 grammes.
Eau. . . . . 1 litre.

Mêlez et frottez la grosseur, puis appliquez-y dessus un linge mouillé de cette eau ; renouvellez souvent, 3, 4 fois par jour, et la grosseur ne tardera pas à disparaître.

Des Kistes *(grosseurs dures et froides)*.

Ces espèces de grosseurs peuvent se rencontrer sur toutes les parties du corps des animaux ; on les a divisées en plusieurs classes, selon la matière qu'elles renferment et dont elles sont composées. Nous ne les indiquons pas, parce que cela importe peu ; ce que nous nous proposons, c'est la guérison.

Quand on a à traiter un *kiste*, il faut provoquer, s'il est possible, la suppuration avec l'onguent vésicatoire de Lebas et l'onguent mercuriel double mêlés ensemble comme suit :

Onguent vésicatoire de Lebas. . . . 30 grammes.
     »   mercuriel double. 20   »
Mêlez.

Coupez le poil sur toute la grosseur et frottez-la avec cet onguent dans toute son étendue. Faites cela 2 ou 3 fois, puis attendez l'effet.

Après 4, 5 jours de cette application, le kiste deviendra mou, cela indique qu'il y a du pus ; il faut alors percer la tumeur à la partie la plus basse pour le faire sortir. Cela fait, on injecte dans la poche un liquide corrosif, vinaigre et sel, pour détruire une membrane qui s'est formée dedans, puis on la garnit de filasse enduite d'onguent suppuratif. Cela amènera la guérison.

Si par hasard on n'obtenait pas ce résultat, et que la grosseur restât la même, alors, faites une incision à la peau et ouvrez la grosseur ; cela fait, introduisez-y dedans la filasse imbibée d'eau-de-vie ou d'essence de térébenthine, afin de détruire la fausse membrane qui s'y trouve.

Si ces moyens ne réussissent pas, il faut faire une opération pour enlever la grosseur.

Sole foulée-engravée.

Quand un pied de bœuf ou de vache est engravé, la chaleur et une vive douleur s'y font sentir ; la couronne et le paturon s'engorgent. De là, la boiterie plus ou moins forte.

TRAITEMENT : Mettez l'animal en repos ; faites-lui prendre des bains froids à l'eau courante, s'il est possible, ou bien lavez le pied malade avec du vinaigre et de l'eau, cela suffit souvent pour opérer la guérison.

Mais si la sole est usée, s'il y a engorgement des onglons, il faut faire une saignée à la sole, à la pince. Ensuite on applique un cataplasme de farine de lin et de morelle pour éteindre l'inflammation.

S'il y a décollement de la corne, on enlève toute celle qui est détachée, et puis on panse avec des étoupes imbibées d'eau-de-vie ou d'essence de térébenthine. Un ou deux pansements suffisent pour opérer la guérison.

De la fourbure.

La *fourbure*, dans l'espèce bovine, a fait l'objet de diverses discussions pour établir son siége. Les uns veulent qu'ils soient aux pieds seulement, et les autres pensent que c'est une phlegmasie, inflammation générale.

Nous n'examinerons pas ici qui a raison. Nous dirons seulement que chez le bœuf la fourbure est locale et que son siége est dans le pied.

Signes : Quand un bœuf est fourbu, il boite fortement, sur le terrain dur principalement. A le voir, on dirait qu'il marche sur des épines ; le sabot est très chaud, douloureux. Si le mal est fort il ne mange pas.

Traitement : Au début, faites une saignée très forte à la sole, faites prendre des bains à l'eau courante, faites des frictions et des cataplasmes de suie de cheminée combinée avec du vinaigre.

Changez deux fois par jour ces cataplasmes jusqu'à la guérison.

Donnez de l'eau blanchie à boire. Ajoutez à cette boisson une once de sel de nitre, le matin seulement.

De la gale, des dartres.

Les bœufs sont très sujets aux maladies de la peau ; cela tient à la composition particulière de cette enveloppe et aux sympathies nombreuses qu'elle a avec les organes internes.

Traitement : Quelle que soit cette affection et sa gra-

5

vité, on en triomphe par une ou deux applications du remède suivant :

Sulfure de potasse. . . . . 125 grammes.
Acide sulfurique 15   »

Faites dissoudre le sulfure de potasse dans un litre d'eau chaude. Cela fait, ajoutez en trois fois l'acide sulfurique, agitez bien le liquide toutes les fois que vous verserez de l'acide sulfurique. Ce mélange fait, frictionnez l'animal avec un pinceau en crin partout où il y a gale ou dartres.

Deux frictions, à jours passés, suffisent pour guérir cette maladie.

Piqûre des tendons du pied.

Les bœufs de labour sont très exposés à être piqués par le soc de la charrue. Ces piqûres sont quelquefois très graves, surtout quand la piqûre est profonde. Il faut donc y remédier promptement.

Traitement : Il faut arranger la plaie, c'est-à-dire qu'il faut couper les morceaux de peau et de chairs qui sont déchirées pour mettre la plaie à l'état simple, puis l'ouvrir jusqu'à son fond. Cela fait, on la panse avec la teinture d'*aloës* ou l'eau-de-vie.

Il arrive souvent que la cicatrisation se fait attendre ; il faut alors examiner si cela tient à une séparation d'une portion du tendon qui a été blessé. Dans ce cas, il faut employer l'onguent Egyptiac pour hâter la chute de la partie mortifiée.

On fait tous les jours un pansement jusqu'à la guérison, qui ne peut se faire attendre.

Limace.

La *limace* est une affection particulière aux bœufs et aux moutons ; elle consiste en un gonflement de la peau qui est comprise dans l'espace interdigité, entre les sotilles ; cette affection amène la boiterie.

Signes : Le fond de l'espace interdigité gonfle et blanchit, prend ensuite une couleur de feuille morte, et bientôt une matière grisâtre, ayant l'odeur forte et la consistance du fromage pourri apparaît ; alors, un ulcère se forme et laisse suinter une humeur ichoreuse qui altère les parties encore saines.

Bientôt le ligament interdigité est mis à découvert. A cette époque la douleur est très vive et l'animal peut à peine appuyer le pied sur le sol.

Traitement : Au début, il faut faire prendre à l'animal des bains de rivière s'il est possible, ou faire des lotions avec de l'eau fraîche vinaigrée, saturnée, etc.

Si le mal persiste, il faut appliquer des cataplasmes émollients de mauves, de graine de lin, auxquels on ajoute des feuilles de morelle, ou des têtes de pavots. On continue ces cataplasmes tant que la douleur existe, à moins que la plaie s'ulcère. Dans ce cas on asperge souvent avec du vin miellé ou de l'eau-de-vie, et la cicatrisation ne tarde pas à se faire ; mais si elle ne se fait pas, on emploie l'onguent Egyptiac.

Javart interdigité.

On appelle *javart interdigité* une affection qui vient entre les onglons, sous la peau, elle diffère de la *limace* en ce que la partie interdigitée devient rouge, chaude et très douloureuse. Une petite tumeur se forme bientôt et s'abcède à son sommet.

Dans ce cas, la boiterie est très forte et l'animal tient le pied en l'air et en avant.

Traitement : On fait d'abord une forte litière, qu'on tient toujours sèche. On oint l'espace interdigité de cérat, d'onguent *populeum*, pour assouplir la peau. Ce moyen suffit quelquefois pour calmer la douleur et amener la guérison. Mais il arrive d'autrefois que vers le huitième jour la tumeur s'élève, s'abcède et laisse voir le bourbillon. Alors on la perce, on la coupe, ainsi que toutes les chairs baveuses et on panse avec l'onguent Egyptiac.

MOUTONS.

Les moutons sont moins fréquemment malades que les bœufs et les chevaux. Cela tient à ce qu'ils ne sont pas soumis à des travaux pénibles, et à leur destination, qui est pour la boucherie.

Néanmoins, on les trouve souvent atteints de certaines affections telles que :

L'*indigestion simple*, l'*indigestion venteuse* ou *météorisation*, l'*inflammation des intestins*, des *reins*, des *poumons*, de la *rate*, du *foie*, des *pieds*, et enfin de la *gale*, maladie de la peau.

Nous parlerons de chacune de ces inflammations et de leur médication, afin que le berger puisse soigner lui-même ses malades et éviter par ce moyen la diminution et peut-être la mort d'une partie de son troupeau.

Indigestion simple du mouton.

Le mouton qui est atteint d'une *indigestion simple* a le flanc gauche plein et dur, il ne mange pas et ne rumine pas, il est triste et comme étonné.

TRAITEMENT : Donnez au malade une infusion de feuilles d'absinthe mêlée avec du vin. Faites comme suit :

Décoction d'absinthe . . . . 2 verres.
Vin . . . . 1 »

Mêlez et administrez; réitérez 2, 3, 4 fois s'il le faut.

Autre remède très efficace.

Poudre de gentiane	6 grammes.
Sulfate de fer	3 »
Carbonate de soude	3 »
Décoction d'absinthe	1 verre.

Mêlez et administrez 2 fois par jour.

Indigestion venteuse *(météorisation)*.

Les moutons sont très sujets à enfler lorsqu'ils mangent du trèfle vert ou de la luzerne.

Quand ce cas arrive, prenez :

Huile de noix	2 verres.
Eau de savon gris	1 »

Mêlez et faites avaler à l'animal enflé.

Dans un quart d'heure, demi heure au plus, la bête désenflera.

Autre remède très efficace.

Ammoniaque liquide	24 gouttes.
Vin	1 verre.

Mêlez et faites avaler ; réitérez, s'il le faut, une heure après.

Inflammation des intestins

(gastro-entérite du mouton.)

Lorsque les moutons sont atteints d'une inflammation des intestins, on le connait par la diminution ou par la disparition complète de l'appétit; la fiente est dure, noire, couverte de mucosités et de sang quelquefois. La soif est grande et les urines chargées.

TRAITEMENT : Faites une tisane comme suit :

Graine de lin mise dans un linge . 2 fortes poignées.
Carottes coupées menu . . . . 2 poignées.
Bouillon blanc ou guimauves . . 2 »
Eau . . . . 5 litres.

Faites bouillir pendant 15 à 25 minutes ; donnez de cette tisane 2 verres le matin, à jeun, pendant 2, 3, 4 jours.

Si le mal ne cède pas, donnez le breuvage suivant :

Feuilles de séné . . . . 15 grammes.
Aloës soccotrin en poudre . . . . 8 »
Sulfate de magnésie . . . . . 60 »
Eau bouillante . . . . 2 verres.

Faites infuser le séné dans l'eau bouillante ; ajoutez le sulfate de magnésie, puis délayez l'aloës et faites avaler à jeun ; réitérez s'il le faut. On continue la tisane jusqu'à la guérison.

Maladie du foie.

(Cachexie aqueuse du mouton, pourriture).

Cette maladie est fréquente chez le mouton. On la rencontre principalement dans les pays où les pâturages sont humides (marais), elle consiste dans l'altération du sang.

Signes : Les bêtes qui en sont atteintes ont les yeux pâles, conjonctivés ; elles sont faibles et sans vigueur ; la laine s'arrache facilement quand on la tire ; les membres sont légèrement engorgés et la maladie, faisant des progrès, on voit apparaître bientôt une poche d'eau séreuse (bouteille) sous le menton.

Traitement : Les sels ferrugineux conviennent beaucoup, ils produisent de bons effets.

Par conséquent, faites le pain suivant :

Graine de lupin . . . . 1/2 litre.
Grains de seigle . . . . 2 livres.

Faites les moudre. Cela fait, faites une pâte avec les deux farines comme ont fait celle du pain.

Quand elle sera levée, ajoutez :

Gentiane pulvérisée . . . . 500 grammes.
Proto-sulfate de fer . . . . 1 kilog.
Sel de cuisine . . . . 2 ,

Mêlez le tout à la pâte, et faites fermenter pendant douze heures dans un lieu chaud ; mettez-la au four comme le pain ordinaire, laissez-la bien cuire, coupez-la par tranches et remettez-la au four, afin qu'elle soit bien sèche. Donnez de ces tranches de pain le matin, à jeun, au mouton. Après 8 à 10 jours d'usage de ce pain, les yeux et la peau reprennent leur couleur rose.

Sang de rate *(maladie du sang)*.

Les bêtes à laine des pays de grande culture, comme la Beauce, le Médoc (Gironde), sont atteintes annuellement de la maladie grave dite pisse-sang.

Cette maladie fait périr à elle seule plus d'animaux que toutes les autres affections ; en effet, elle tue tous les sujets qui en sont atteints. Il faut donc s'attacher, par des soins hygiéniques, à prévenir la maladie pour diminuer le chiffre de la mortalité.

Moyens préservatifs : Ces moyens consistent à nourrir bien les animaux pendant l'hiver, à leur donner avec la nourriture sèche des racines, navets, betteraves, etc. On leur donnera également en boisson, dans des baquets, 500 grammes de sulfate de soude. On tirera souvent le fumier de la bergerie.

Et si, après, on s'aperçoit qu'il y a quelque bête dont les yeux soient rouges, injectés et que la peau soit d'un rose vif ou brunâtre, on fera une saignée au cou, de **250 grammes**.

Boiterie des moutons *(Cocote, piétin)*.

Les moutons sont très sujets aux boiteries, aux inflammations des pieds, espace interdigité.

Lorsque 1, 2, 3, 4, 5, 6, etc., de ces animaux seront atteints, faites confectionner une caisse en bois blanc ou autre, parfaitement jointe, ayant une hauteur de 12 centimètres ; faites éteindre de la chaux dans cette caisse, placez-la à l'entrée de la porte de la bergerie et forcez les animaux boiteux à y tremper les pieds, soit en sortant, soit en rentrant dans la bergerie. Le liquide, en pénétrant entre les onglons et s'insinuant sous les parties de corne décollées par le mal, cautérisera et desséchera les parties malades; en d'autres termes, il guérira radicalement le piétin récent.

Mais si le mal est invétéré, qu'il date de longtemps, il faut le découvrir avec un couteau ou un bistouri. Cela fait, faites passer l'animal qui a les pieds malades dans le baquet de chaux 3, 4 fois de suite, et le mal sera guéri après 4, 5, 6 jours de ce traitement.

L'onguent Egyptiac est encore très bon pour guérir les maladies des pieds de mouton.

Gale du mouton.

Les moutons, comme tous les autres animaux, sont sujets à l'affection de la peau qu'on apppelle gale.

Cette maladie consiste en une éruption de petits boutons blancs entourés d'une auréole enflammée, suivie d'une démangeaison insupportable.

Traitement : Pour guérir la gale du mouton, il y a plusieurs moyens qui sont plus ou moins bons. Nous n'en indiquerons que deux : les pommades et les bains.

Pommades.

Graisse de porc . . . . 500 grammes.
Essence térébenthine 500   »

Mêlez et frottez les bêtes partout où il y a gale.

Cette pommade s'emploie dans le cas où la gale n'est pas bien étendue et qu'on n'a pas beaucoup de bêtes affectées.

Bains contre la gale du mouton.

Pour guérir la gale, dans un troupeau, on prépare une poudre exprès. Cette poudre, dite de Tessier, se compose comme suit :

Acide arsénieux . . . . 2 kilog.
Proto-sulfate de fer . . . . 20 »
Peroxide de fer, anhydre Colcotar . . 800 grammes.
Poudre de racine de gentiane . . . 400 »

MODE DE PRÉPARATION : Triturez séparément dans un mortier l'acide arsénieux et le proto-sulfate de fer, réunissez ensuite les deux substances et faites un mélange intime. Associez de nouveau très exactement toutes ces substances et conservez cette poudre pour le besoin, dans des flacons en terre bien bouchés. (Il n'y a que le pharmacien qui puisse la composer.)

Quand on voudra composer un bain pour guérir un troupeau de moutons, on prend de cette poudre plus ou moins, selon la quantité des bêtes à traiter.

Je suppose qu'on en ait 100 têtes, prenez :

Poudre de Tessier . . . 11 kilog, 500 grammes.
Eau ordinaire . . . . 100 litres.

Mettez la poudre dans une grande chaudière en fonte, avec les 100 litres d'eau, faites bien bouillir dix minutes; retirez du feu et versez dans un cuvier, où vous plongerez les animaux, et les frotterez dur avec une brosse rude partout où il y aura gale.

Ce remède est souverain, car après 8 jours de son emploi les bêtes sont complétement guéries.

Les personnes chargées de faire prendre le bain ne doivent pas avoir des écorchures aux mains ni aux bras.

Catarrhe vésical *(genestade.)*

Le *catarrhe* de la vessie des moutons se déclare lorsque les moutons mangent des genêts.

SIGNES : Les moutons urinent beaucoup ; l'urine est rouge, trouble, elle sort par jet avec difficulté, la peau est sèche et chaude.

TRAITEMENT : Faites boire un litre de tisane de graine de lin, de carottes et de guimauves. Faites comme il est indiqué à la page 86.

MALADIES DU PORC

Le porc est un animal dont le produit est des plus considérables et des plus utiles. Il faut donc lui donner des soins pour le conserver.

C'est pour faire atteindre ce but aux colons que je vais indiquer les maladies auxquelles il est le plus sujet.

Angine (*mal de gorge*).

L'*angine* du porc est une inflammation de la muqueuse de la bouche qui se montre sur la surface interne des lèvres, sur les gensives et les côtés de la langue. Des pustules blanchâtres apparaissent bientôt après et se changent en ulcères. Cette maladie peut gagner les onglons et occasionner la chute des sabots.

TRAITEMENT : Vous donnerez à l'animal une pâtée que vous ferez comme suit :

Farine d'orge . . . . 1 kilogramme.
Beurre . . . . 150 grammes.

Mêlez et présentez-lui, il la mangera.

Vous lui donnerez en outre de l'eau blanchie à boire, dans laquelle vous mettrez un peu de vinaigre, un verre par trois litres d'eau.

Vous toucherez les ulcères de la bouche avec du vinaigre et du sel mêlés. Servez-vous pour cela d'un pinceau, au bout duquel vous mettrez un linge fin. Faites tout cela 3,4 fois par jour, jusqu'à la guérison.

Charbon à la langue.

Le cochon, comme tous les autres animaux, peut être atteint de tumeurs charbonneuses. Elles viennent, chez cet animal, de préférence à la langue et au cou.

Quand elles se déclarent au cou, elles portent le nom de *soie*.

Quand elles se déclarent à la langue, elles portent le nom de *chancre-volant*.

Signes de la soie.

La *soie*, comme nous l'avons dit déjà, se montre au cou, à l'endroit des amigdales. Le poil qui couvre la tumeur forme une espèce de mèche hérissée, dure et rude ; quand on la touche, l'animal éprouve une douleur.

Sous cette mèche de poils, on voit la peau livide chez le cochon noir, et noirâtre chez le cochon blanc ; sa bouche est chaude et baveuse, ses yeux sont rouges, les flancs agités, la soif vive, l'appétit nul et la voix éteinte.

TRAITEMENT : Il faut enlever la tumeur avec un bistouri ou tout autre instrument, puis lavez la plaie plusieurs fois avec de l'ammoniaque liquide ou de l'acide sulfurique mêlé d'eau.

Signes du chancre volant.

Le *chancre-volant* vient à la langue, il se montre sous la forme de pustules livides, noirâtres ; elles se déchirent peu de temps après qu'elles sont formées et se convertissent en chancre rongeur qui envahit toute la langue.

Traitement : Il faut ouvrir les pustules et enlever la peau détachée, puis laver la langue avec du vinaigre et du sel, plusieurs fois dans la journée.

A l'intérieur, il faut donner le breuvage suivant :

Vin . . . . 1 litre.
Thériaque . . . . 60 grammes.

Mêlez et administrez un verre de ce breuvage toutes les heures.

Engravée.

Le porc, comme le bœuf, peut être atteint de l'affection dite engravée, par suite des marches sur les terrains pierreux et, quand cette maladie existe, la bête boite très fort, pousse des cris et reste derrière le troupeau dont il fait partie.

Traitement : Il faut arroser les pieds d'eau froide et les envelopper d'un linge mouillé ; il faut lui donner du repos ; cela suffit quelquefois pour le guérir.

Si cela ne fait rien, et que les pieds soient chauds, douloureux, il faut les envelopper d'un cataplasme de farine de lin et de feuilles de mauves mêlées ensemble.

Mal caduc.

Le cochon qui est atteint du mal caduc a, de temps en temps, des convulsions, il fait craquer ses dents, grogne beaucoup, sa respiration est gênée, mais bien souvent la maladie se déclare sans qu'il y ait un seul de ces symptômes, et les accès ont lieu tout d'un coup.

Là, il n'y a aucune médication à faire, la maladie est incurable.

Poux du porc.

Les porcs sont quelquefois atteints d'un si grand nombre de poux qu'on a de la peine à les détruire, car ils se reproduisent toujours, et on en voit sortir par le nez, par la bouche et par les yeux ; cette maladie fait maigrir les animaux et finit par les tuer.

Traitement : Prenez :

Poudre de staphysaigre . . . . . .   32 grammes.
Eau . . . .   2 litres.

Faites bouillir, 10, 15 minutes ; passez dans un linge et frottez-en l'animal pendant 3, 4 jours une fois par jour.

Cette médication ne détruira que les poux de dessus la peau ; mais ceux qui sont sous la peau et à l'intérieur ne périront pas. Alors, il faut donner la potion suivante :

Ethiops martial, d'eutoxide de fer . .   8 grammes.
Sel de cuisine.   30   »

Mélangez et mettez dans les aliments que vous donnerez au cochon.

Vous ferez prendre cette potion en trois fois dans la journée.

Petite vérole du porc.

Cette maladie est encore peu connue chez le porc, on la rencontre pourtant quelquefois. Elle se montre par une éruption de petits boutons rouges précédée de tristesse, de fièvre et d'abattement. Ces boutons grossissent jusqu'au sixième jour, après ils suppurent et une croûte se forme.

Traitement : Donnez du petit lait aux gorets, et de l'eau accidulée avec du levain aux gros porcs.

Pourriture des soies du porc.

Cette maladie attaque les porcs d'engrais, quand ils sont logés dans des toits, parcs humides, malsains, ou quand on ne varie pas assez souvent leurs aliments.

Signes : On connait cette maladie quand l'animal est faible et son appétit diminué, qu'il a la peau mollasse, au point que si on appuie le doigt dessus elle cède facilement et conserve longtemps son empreinte, ses gencives sont molles et enflées, si on les presse on en voit sortir du sang noir.

Dans cet état la bête doit être tuée pour la consommation. La viande n'est point réputée malsaine.

Gale du cochon.

On guérit la gale du cochon en faisant le remède suivant :

```
Savon vert . . . . . . . . . . .  500 grammes.
Goudron. . . . . . . . . . . . .  500     »
Cantharides en poudre . . . . .    15     »
```

Mêlez et frottez jusqu'à la guérison, qui ne peut se faire longtemps attendre.

Maladie de poitrine.

Quand un porc est affecté d'une maladie de poitrine, il a une toux sèche, quinteuse, le flanc agité et les côtes très douloureuses quand on frappe dessus.

Pour le guérir on lui donne le remède suivant :

```
Farine d'orge . . . . . . . .     1 kilogramme.
Beurre . . . . . . . . . . . .  150 grammes.
```

Mêlez et donnez au porc lorsqu'il est à jeun.

Autre remède.

Gomme arabique . . . . 30 grammes.
Pavot . . . . 1 tête.
Eau . . . . 1 litre.

Donnez 2 verres à la fois, matin et soir, pendant quelques jours.

Pour nourriture donnez-lui du petit lait, mêlé avec un peu de farine.

Si la maladie ne cède pas après 4, 5, 6 jours, vous lui donnerez le purgatif suivant :

Bouillon de chair de veau . . . 50 grammes.
Tartre stibié, émétique . . . . 10 centigrammes.

Mêlez.

Faites une pâtée avec de la farine d'orge, et faites-la prendre à l'animal 1 fois ; réitérez, s'il le faut, le surlendemain.

Maladie des intestins *(entérite aiguë)*.

On connait que le porc est atteint d'une maladie intestinale lorsqu'il a l'appétit mauvais, la bouche chaude, les yeux rouges, le flanc troussé et agité et la soif ardente.

TRAITEMENT : Vous donnerez à la bête une pâtée faite comme suit :

Farine d'orge . . . . 1 kilogramme.
Bouillon de mauves . . . . . . 2 litres.
Lait . . . . 1 »

Mêlez et présentez au porc. Donnez-lui des lavements de son ou de mauves.

Constipation du porc.

Quand on s'aperçoit qu'un porc est constipé, donnez-lui le remède suivant :

Farine d'orge . . . . 50 grammes.
Poudre d'aloës de barbade 5   »
Lait . . . . 1 litre.

Mêlez et servez-lui à jeun, ou faites-lui prendre de force

Donnez 3, 4 lavements par jour, avec de l'eau de mauves et de l'huile d'olives.

Pâtée restaurante et ferrugineuse
pour le porc.

Lorsque vous aurez un porc qui sort de faire une maladie, et qui a souffert beaucoup par suite d'une maladie de peau, telle que la gale, l'herpès, la chute des onglons due à *la cocote* ; ou par suite de maladies vermineuses, faites-lui prendre la pâtée restaurante composée comme suit :

Farine d'orge. . . . . 2 litres.
Viande cuite, tripes, etc . . . . . 1 kilogramme.
Tartrate de potasse et de fer pulvérisé. 4 grammes.
Bouillon de viande, quantité suffisante.

Mélangez le tartrate à la farine d'orge et donnez au porc. Continuez quelques jours et la bête se rétablira vite.

MALADIES DES CHIENS.

Le chien, comme tous les animaux utiles, a droit à nos soins. C'est donc, pour qu'on soit reconnaissant envers lui que nous allons parler des maladies auxquelles il est le plus sujet.

Maladie dite des chiens.

Les jeunes chiens subissent tous une maladie catarrhale, vers l'âge de 5 à 6 mois ou un an. Cette maladie se montre avec une fluxion catarrhale sur les muqueuses et peut se terminer par la *danse de St.-Guy* ou par la mort.

SIGNES : Quand cette maladie veut se montrer la bête perd l'appetit, elle est triste, a les yeux abattus, chassieux, sa soif est ardente, son poil est piqué, elle a des convulsions et un jetage de matières glaireuses a lieu par le nez. Si la maladie progresse, la respiration devient précipitée et difficile. Si l'on frappe sur la poitrine, l'animal souffre et fait entendre une toux petite et avortée.

Jusque-là on peut espérer de guérir l'animal, mais si le ventre se retrousse et que la diarrhée survienne, la bête est perdue, parce que la maladie a gagné l'estomac et les intestins.

Il arrive néanmoins quelquefois qu'elle ne se termine pas par la mort, mais elle laisse la bête en proie à des convulsions, à des contractions qui se fixent sur un membre ou sur deux. C'est ce qu'on appelle *la danse de St.-Guy*.

TRAITEMENT : Au début de cette maladie, faites une

saignée, ou appliquez 4 à 6 sangsues; mettez l'animal à une demi diète et purgez-le avec :

Sirop de nerprum . . . . 60 grammes.
Eau tiède. . . . . 1/2 verre.

Mêlez et faites prendre avec une bouteille; vous réitérerez ce purgatif 2 ou 3 fois, c'est-à-dire tous les deux jours 1 fois.

Après l'avoir purgé, 1, 2, 3 fois, selon le besoin, et que la maladie ne cède pas, administrez la potion suivante :

Extrait de belladone. . . . . 50 centigrammes.
Eau tiède . . . . 100 grammes.

Faites prendre en trois fois dans la journée, pendant 3, 4, 5, 6 jours; après cela, il faut qu'un mieux arrive; s'il n'en est pas ainsi vous donnerez, jusqu'à la guérison, une pillule composée comme suit :

Emétique, tartre stibié . . . . . 25 centigrammes.
Farine de froment, quantité suffisante.

Mêlez avec un peu de miel et administrez tous les matins.

Autre remède très efficace.

Poudre et sirop du vieux Garde.

La poudre purgative et le sirop du *vieux Garde* sont à peu près infaillibles contre la maladie du chien.

On administre la poudre délayée dans un verre de lait, *tous les trois jours, pendant neuf jours,* et dans les jours d'intervalle on fera avaler *deux fois* par jour une cuillerée à bouche de sirop.

Le régime se composera *exclusivement* de lait coupé, puis pur, avec du pain ou de la bouillie.

Dans les cas très graves on passera un seton au cou.

N. B. — On n'oubliera pas que la maladie dite des chiens ne se développe, chez les jeunes chiens, que sous l'empire du sévrage prématuré, auquel on a substitué des aliments gras.

On trouve le sirop et la poudre du *vieux Garde* chez DIÉTRICH, pharmacien, rue Montmartre, 4, Paris.

Paralysie du chien.

Les chiens se trouvent bien souvent atteints de la paralysie, à la suite de la maladie dite des chiens, ou de rhumatismes négligés ; quelle qu'en soit la cause, il faut y remédier.

Pour cela faites ce qui suit :

Si la maladie dite des chiens est la cause de la paralysie, appliquez deux setons, un de chaque côté de l'épine dorsale ; à l'intérieur donnez la noix vomique à la dose de *deux centigrammes* le premier jour, le lendemain donnez *deux centigrammes et demi*, puis augmentez cette dose tous les jours un peu, jusqu'à ce que vous soyez arrivé à 6 grains.

Rhumatismes.

Si la paralysie est due aux *rhumatismes*, faites des frictions 1 ou 2 fois par jour avec le liniment suivant :

Essence de térébenthine	46 grammes.
Ammoniaque liquide	10 »
Teinture d'opium	10 »
Huile d'olives	46 »

Mêlez et frottez légèrement les articulations du chien 2 fois par jour, jusqu'à la guérison.

Constipation du chien.

Les chiens sont très souvent atteints de la constipation, surtout quand ils mangent beaucoup d'os. Dans ce cas, vous leur ferez prendre la médication suivante :

Huile de Croton. . . . . 1 goutte.
Pain gros, comme 2 noix.

Mêlez, faites 2 bols et administrez à jeun.

Donnez-leur aussi de la tisane de graine de lin et de mauves mêlée avec du lait par parties égales.

Fourbure du chien.

Le chien peut être atteint de la fourbure après avoir fait de longues courses. Ce cas existant, faites ce qui suit.

Prenez :

Eau froide . . . . 4 litres.
Alun de roche . . . . 32 grammes.

Mettez le sel dans l'eau et faites prendre 2, 3, 4 bains d'une heure chaque au chien, pendant 2, 3, 4 jours. Sorti de l'eau enveloppez les pattes d'un cataplasme fait avec du vinaigre et de la suie de cheminée.

Toux du chien.

Le chien est sujet à une toux qui provient ordinairement d'une affection de poitrine ; quand vous en

aurez un de malade, faites-lui prendre le remède suivant :

Ipécacuanha pulvérisé . . . . . 1 gramme.
Souffre doré . . . . 50 centigrammes.
Sucre. . . . . 4 grammes.

Mêlez exactement et divisez en doses égales ; donnez-
en trois doses par jour, pendant 3, 4, 5 jours ; donnez
également la tisane de gomme mêlée avec du lait.

Agravée.

Cette maladie consiste en une irritation et un gonflement de la patte, survenus à la suite d'une longue
course sur des terrains durs et caillouteux.

TRAITEMENT : Il faut laisser reposer le chien et
entourer les pattes d'un cataplasme émollient fait comme suit :

Feuilles de mauves. . . . . 1 poignée.
Racine de guimauves . . . . 1 »

Faites bouillir dans 2 litres d'eau pendant un quart
d'heure. Cela fait, prenez 2 poignées de farine de
lin, délayez-la avec l'eau de mauves et appliquez sur
la patte, une fois par jour, jusqu'à la guérison.

Gale du chien.

Lorsque vous aurez un animal atteint de la gale,
vous la combattrez avec la médication suivante :

Bon vinaigre . . . . 1 litre.
Sel de cuisine . . . . 1 poignée.
Poudre de chasse . . . . 2 charges.
Fleur de souffre. . . . . 1 poignée.

Mettez le tout sur le feu, dans un vase de terre, jusqu'à ce qu'il bouille, retirez du feu et ajoutez 2 verres d'essence de térébenthine ; cela fait, frottez vigoureusement la peau du chien sur toute la surface du corps et principalement où il a la gale.

Réitérez cette opération deux ou trois jours de suite, et après trois ou six jours l'animal est bien guéri.

Rage du chien.

La rage, on le sait, est une terrible et cruelle maladie, elle consiste en des convulsions qui portent la bête à mordre.

Signes : Au début, l'animal est triste, il a l'œil morne, il baisse la tête, change à chaque instant de place, tire la langue, bave une écume mousseuse, refuse de manger, a l'horreur de l'eau, se jette sur le premier animal venu pour le mordre et passe outre pour continuer à mordre tous les animaux qu'il rencontre sur son chemin.

On a remarqué que cette maladie affecte les chiens l'été et l'hiver principalement.

Traitement : Sitôt qu'un animal est mordu, il faut faire saigner la plaie, s'il est possible, puis la brûler avec un fer rouge. Cela fait, on la couvre bien d'une forte compresse imbibée d'eau ammoniacale composée comme suit :

Ammoniaque liquide. . . . . 4 onces.
Eau . . . . 1 once.

Mêlez et appliquez des compresses sur la plaie pendant 2 ou 3 jours.

Bronchite chez le chien.

Le chien peut être atteint d'une inflammation du canal de la respiration, qu'on appelle *bronches* ; cette inflammation se fixe ordinairement dans la partie inférieure de la trachée et dans les deux rameaux, à l'entrée du poumon.

Signes : Quand un chien a une inflammation des bronches, il est triste, abattu, il a les yeux rouges, la fièvre, une toux fréquente, sèche d'abord, mais elle devient grasse quelques jours après que la maladie s'est déclarée. La poitrine, quand on la frappe, est douloureuse, l'appétit est presque nul.

Traitement : Lorsque la maladie est récente et forte, appliquez 4 sangsues au poitrail, puis faites une tisane comme suit :

Graine de lin . . . . 1 poignée.
Carottes coupées menu 1   »
Pavot. . . . . 1 tête.

Faites bouillir dans 3 litres d'eau pendant 15 à 20 minutes ; retirez du feu et ajoutez fleurs de guimauves une forte pincée. Laissez infuser les fleurs de guimauves.

Vous donnerez de cette tisane tous les matins un verre et demi, autant à midi, autant le soir, pendant 4, 5, 6 jours.

Si la maladie ne cède pas, vous purgerez la bête avec ce qui suit :

Sirop de Nerprum . . . . 60 grammes.
Eau tiède. . . . . 1/2 verre.

Mêlez et administrez à jeun. Vous appliquerez une ortie au poitrail, et vous continuerez la tisane.

Pour nourriture, donnez la pâtée suivante :

Viande de bœuf hachée . . . . . . 250 grammes.
Pain emietté et bouillon gras . . . 250   »

Mêlez et donnez au chien (il faut néanmoins le soumettre à une demi diéte), et continuez la tisane.

MALADIES DE LA VOLAILLE.

Les poules, les oies, les dindons et les canards, formant une branche de l'industrie agricole, très profitable ; il nous a paru utile de faire connaître les maladies auxquelles ces animaux sont les plus sujets, afin que le colon puisse leur donner des soins quand ils sont malades.

Pépie des poules.

La *pépie* des poules est généralement causée par le manque d'eau ou par son impureté.

SIGNES : Quand la poule a la pépie, elle tient le bec ouvert comme si elle ne pouvait pas respirer, elle est triste, elle ne mange pas, elle a la voix rauque et presque éteinte. Si on regarde la langue, on y trouve une pellicule d'un blanc mat.

TRAITEMENT : Cette maladie est contagieuse. Quand une bête en est atteinte, il faut l'isoler des autres. On connaît cette affection par un écoulement d'une humeur aqueuse qui s'échappe par la gorge et le nez. La bête a les yeux éteints et de grands frissons.

Quand cette maladie existe, il faut donner une bonne nourriture, de la bonne eau et tenir les bêtes chaudes.

Toux.

Les poules font souvent entendre une toux sourde et haletante, il faut alors regarder dans la gorge, car il est rare qu'on ne s'aperçoive pas de la présence de petits vers qui sont accumulés au fond du gosier.

Traitement : Faites avaler à la bête quelques gorgées d'eau d'absinthe, de camomilles, et puis vous donnerez le remède suivant :

Racine de fougère mâle desséchée . . 90 grammes.
Sommités de tanaisie desséchée . . . 90   "
Eau commune . . . . 1 litre 1/2.

Faites bouillir jusqu'à réduction d'un litre. Ajoutez à cette décoction une poignée de sarriette sèche. Laissez infuser pendant une heure et passez à travers un linge.

Ajoutez à cette liqueur quantité suffisante de farine d'orge ou de seigle, pour former une pâte un peu ferme. Faites avec cette pâte des pillules grosses comme une petite noix, et administrez trois de ces pillules matin et soir, à chaque tête de volaille atteinte des vers.

Vermine, poux.

La volaille est souvent chargée de poux qui la font périr. Ces animaux sont engendrés par la malpropreté de la volière. Il faut donc tout d'abord la tenir propre ; ensuite il faut détruire les poux.

Pour cela prenez :

Mercure cru . . . . 500 grammes.

Mettez-le dans une petite capsule de porcelaine que vous placerez sur un réchaud contenant des charbons allumés. Fermez exactement les portes et fenêtres du volailler, pigeonnier, etc. Laissez volatiliser le mercure qui, se répandant dans le local, tue les insectes, leurs œufs et leurs larves. Après douze heures, l'opération est terminée. Ouvrez alors les portes et fenêtres et laissez bien aérer le poulailler 7 à 8 jours. Après ce temps on peut laisser entrer la volaille sans aucun danger.

Goutte de la volaille.

La *goutte* affecte souvent la volaille. Cela tient à l'humidité de leur habitation.

Cette maladie se montre par un gonflement des jambes et par la difficulté qu'ont les bêtes de marcher.

Dans ce cas, et pour prévenir cette maladie, il faut les tenir dans un lieu sec et chaud. Celles qui seront atteintes seront frottées avec une décoction de marrons d'inde et d'eau-de-vie camphrée 2, 3 fois par jour. On enveloppera leurs pattes d'un linge mouillé d'eau-de-vie camphrée. On continuera ce traitement jusqu'à la guérison.

Maladie du croupion.

On entend par *maladie du croupion* une affection dont la volaille est souvent atteinte. Cette affection consiste en une constipation opiniâtre.

Quand cette maladie existe, la bête est lente dans sa marche, son sommeil est troublé, elle a l'air triste, elle porte la tête penchée, la queue traînante, les plumes sont hérissées, elle ne gratte plus la terre, enfin une grosseur se forme sur le croupion.

Quand cette tumeur apparaît, il faut l'inciser avec un instrument tranchant et ensuite la presser avec les doigts pour faire sortir le pus. Cela fait, on lave la plaie avec du vinaigre camphré ou du vin salé, plusieurs fois. Ensuite on nourrit l'animal avec de la farine d'orge ou de seigle bouilli, et on tient le poulailler propre.

Maladie des oies.

Les *oies* sont sujettes aux mêmes maladies que les

poules. Toutefois, elles sont plus souvent attaquées par la constipation et l'indigestion ; cela résulte de la trop grande nourriture sèche, maïs, avoine et chenevis qu'on leur fait prendre quand on veut les engraisser.

En conséquence, si vous avez une oie constipée, ce que l'on reconnaît quand elle s'arrête souvent, comme pour fienter, sans résultat, faites lui prendre 2 fois par jour 2 cuillerées d'huile d'olives jusqu'à la guérison.

Si, au contraire, elle est atteinte d'une indigestion, soit pour avoir été trop gorgée quand on l'engraisse, soit par toute autre manière, faites-lui prendre de la manne, gros comme une belle noix, dans un peu d'eau chaude.

La médication des autres maladies est comme celle des poules.

VACHES A LAIT

Dans ce livre, que nous avons fait uniquement pour venir en aide aux agriculteurs en leur apprenant à soigner eux-mêmes les animaux malades, nous avons cru devoir ajouter les signes caractéristiques aux moyens desquels tout fermier pourra choisir lui-même, à coup sûr, une ou plusieurs vaches à lait, selon ses besoins.

Aujourd'hui, on sait généralement qu'il y a dans les vaches certains signes qui permettent non-seulement de choisir les meilleures vaches laitières, c'est-à-dire, celles qui font le plus de lait et le meilleur, et qui le gardent le plus longtemps ; mais encore de désigner à l'avance les vêles types de l'âge de 1 à 2 ans et même dès leur naissance.

Le fermier qui aura notre livre pourra donc, avec un peu d'attention, choisir ses vaches et doubler ainsi la production du lait dans sa ferme, car il est hors de doute qu'il y a des vaches qui donnent 14, 16, 18, 20 et jusqu'à 24 litres de lait par jour, fraîches vêlées.

La France possède six millions de vaches, qui donnent à peine 2 litres de lait par jour, en moyenne, soit 12 millions de litres par jour, ce qui, à 10 centimes le litre, fait un revenu journalier de 1,200,000 francs.

Si les fermiers s'attachent à bien choisir leurs vaches de reproduction, comme nous l'indiquons ici, ils seront sûrs de doubler, tripler, quadrupler la production du lait, et cela dans très peu de temps ; or, doubler la production du lait, c'est augmenter la fortune publique.

Ceci posé comme une vérité mathématique, je ne comprendrais plus que les propriétaires puissent rester indifférents, alors qu'ils éprouvent tant de mécomptes dans les choix de leurs animaux de reproduction ;

en effet, combien de propriétaires gardant au hasard, et nourissant plusieurs années, des génisses sur lesquelles ils comptaient pour les indemniser de leurs soins et de leurs frais, voient leurs espérances déçues.

Combien d'autres livrent au boucher celles qui les auraient récompensés de leurs peines, s'ils avaient su distinguer leur qualité de bonnes laitières ; voilà pourquoi, trop souvent, après beaucoup de peines et de soins, ils n'ont dans leurs étables que des mauvaises vaches à lait, qu'ils gardent faute de mieux ; d'où il résulte des dépenses énormes et par conséquent moins d'aisance et peut-être la ruine complète.

Il faut donc choisir et élever de bonnes vaches à lait, elles sont une des plus précieuses ressources de la vie humaine.

C'est pour qu'on atteigne ce but que notre philantrhopie nous a déterminé à faire connaître les signes qui indiquent les bonnes vaches à lait, d'après le système *Guénon*.

Ces signes portent le nom d'*écusson* et d'*épis*.

ÉCUSSON.

L'*écusson* est formé par des poils montants diamétralement opposés aux poils descendants qui recouvrent la partie de la cuisse de la bête, il est visible et il est situé à la partie postérieure des fesses. Les vaches qui ont cet écusson très étendu, et formé par un poil fin, sont excellentes laitières ; les vaches qui ont la peau du pis jaunâtre donnent un lait gras, butyreux, mais celles qui ont la peau de l'écusson lisse, blanche et recouverte d'un poil long et clairsemé, donnent un lait clair, séreux, maigre.

ÉPIS.

On entend par *épis* un faisceau de poils *montants* ou *descendants* d'une forme plus ou moins ovale qui se trouve dans l'écusson quelquefois. Leur présence dans l'écusson dénote de bonnes ou de mauvaises qualités, selon la position qu'ils occupent et la direction de leurs poils *montants* ou *descendants*, ils sont au nombre de sept et ils portent le nom d'*épi ovale*, *épi fessard*, *épi babin*, *épi vulvé*, *épi bâtard*, *épi cuissard*, *épi jonctif*.

Les épis réguliers de peu d'étendue et revêtus du poil le plus fin, sont en général la marque d'une qualité supérieure.

Les épis larges à ovales irréguliers qui sont recouverts d'un poil long et gros, indiquent une qualité inférieure.

Nous allons parler de la place *qu'ils occupent* et de leur valeur.

Epi ovale.

L'épi qu'on nomme *ovale* se trouve dans l'écusson, il est situé de chaque côté de la partie postérieure du pis, un peu au-dessus et vis-à-vis des deux trayons de derrière, sa forme est ovale ; placé là, il indique que la vache est excellente laitière.

Epi fessard

L'épi qu'on appele *fessard* est situé sur les fesses en dehors de l'écusson, à droite et à gauche de la vulve à laquelle il adhère par le haut, son poil est montant ; quand il n'est pas grand et qu'il est recouvert d'un poil fin et soyeux, il dénote que la vache conservera son lait pendant la plénitude ; mais quand il est grand et recouvert de poils gros et hérissés, il annonce que la vache, une fois pleine, diminuera son lait et le perdra plus ou moins promptement.

Epi babin.

L'épi qu'on appelle *babin* apparaît dans l'écusson, il est situé à droite ou à gauche et quelquefois des deux côtés de la vulve, à laquelle il adhère par le haut, il est formé de poils *descendants*, sa forme est allongée, il a une dimension de 4 à 5 centimètres de long sur 5 à 6 millimètres de largeur.

Sa présence dans l'écusson indique une réduction de lait, avant comme pendant la gestation.

Epi vulvé.

L'épi qu'on appelle *vulvé* se trouve dans l'écusson au-dessous de la vulve à laquelle il touche dans la partie inférieure, il a une forme ronde dans le bas, sa proportion est à peu près de deux centimètres de long sur trois de large, son poil est descendant.

Sa présence annonce un petit rendement de lait.

Epi bâtard.

L'épi qu'on appelle *bâtard* est situé dans l'écusson, environ 20 centimètres au-dessous de la vulve ; son poil est *descendant*, il a la forme d'un œuf.

Cet épi annonce une grande réduction de lait sitôt que la vache devient pleine.

Epi cuissard.

L'épi qu'on appelle *cuissard* est situé sur le plat extérieur et au fond des cuisses de la bête, il empiète sur l'écusson, son poil *descend* et forme un angle rentrant, on le voit quelquefois à droite comme à gauche du pis.

Sa présence et sa forme annoncent une diminution de lait proportionné à son étendue.

***

VACHES FLANDRINES

Haute taille

1er ORDRE

Donnent 24 litres de lait par jour ; fraîches vêlées,

elles le maintiennent jusqu'à ce qu'elles soient pleines de nouveau.

A partir de ce moment, la quantité diminue peu à peu, mais elles maintiennent leur lait jusqu'à ce qu'elles mettent bas.

En conséquence toutes les vaches, petites ou grandes, qui auront l'écusson pareil à celui de la figure ci-dessus décrite, donneront beaucoup de lait, selon leur taille et le maintiendront jusqu'à ce qu'elles soient pleines de nouveau.

Si la peau du pis est jaune, le lait sera **gras**, butyreux. On remarquera bien qu'il n'y a pas d'épi dans le haut de l'écusson, mais il y en a **2** sur le *derrière, au-dessus des trayons*.

2me ORDRE

On remarquera dans ces vaches, une diminution d'étendue de l'écusson et un épi, ce qui est l'indice que la vache ne donnera pas autant de lait et ne le gardera pas aussi longtemps que les vaches de 1er ordre.

Néanmoins elles donnent **20** litres de lait par jour et le gardent jusqu'à ce qu'elles soient pleines de **7** mois. L'épi qu'elles portent en haut sous la queue, s'appelle babin, il peut y en avoir deux, un de chaque côté de la queue, dans cet ordre, on ne trouve jamais qu'un épi au-dessus des trayons.

3ᵐᵉ ORDRE

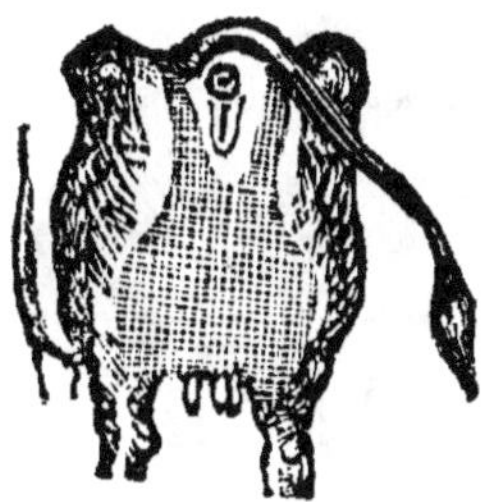

Donnent 16 litres de lait par jour, elles le gardeut jusqu'à ce qu'elles soient pleines de 6 mois. L'*écusson*, comme on le voit, est plus petit, plus étroit, et il y a l'*épi babin* sous la queue, indices certains de la diminution de lait et de sa durée.

4ᵐᵉ ORDRE

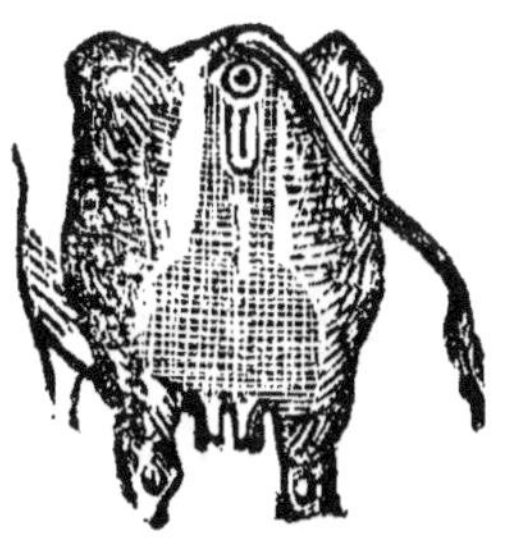

Donnent 12 litres de lait par jour et ne le maintiennent que 5 mois; il ne peut en être différemment, puisque l'*écusson* est plus petit et qu'il porte 2 épis, un sous la queue et l'autre sur la cuisse : l'*épi fessard*.

5me ORDRE

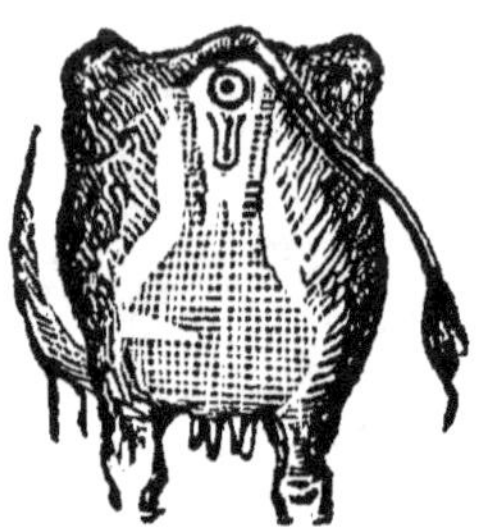

Donnent 9 litres de lait par jour et ne le maintiennent que 4 mois après qu'elles sont pleines ; cela se conçoit parfaitement, car l'écusson est beaucoup plus petit que les précédents et, ensuite, c'est qu'il y a 2 épis très grands, l'un sous la queue et l'autre à la fesse. Il n'y a donc pas profit d'avoir des vaches de 5e ordre.

Taille moyenne

Les vaches moins grandes que les précédentes ne donnent pas autant de lait :

1er ORDRE

Donnent 19 litres par jour et elles le maintiennent jusqu'à ce qu'elles mettent bas.

2me ORDRE

Donnent 15 litres par jour et le maintiennent jusqu'à ce qu'elles soient pleines de 6 mois.

3ᵐᵉ ORDRE

Donnent 12 litres par jour et le maintiennent jusqu'à •
ce qu'elles soient pleines de 6 mois.

4ᵐᵉ ORDRE

Donnent 9 litres par jour et le maintiennent jusqu'à
ce qu'elles soient pleines de 5 mois.

5ᵐᵉ ORDRE

Donnent 6 litres de lait par jour, et le maintiennent 4 mois.

Ces vaches, comme celles de haute taille, 5ᵉ ordre
ne donnent pas de profit : il ne faut pas en acheter.

Petite taille

Les vaches de petite taille donnent beaucoup moins
de lait que la haute et la moyenne taille.

Le 1ᵉʳ ordre en donne . . . . 12 litres.
Le 2ᵉ. . . . . 8 litres.
Le 3ᵉ. . . . . 5 litres.
Le 4ᵉ. . . . . 4 litres.

Elles le maintiennent comme toutes les précédentes,
selon la plus ou moins grande perfection de l'écusson.

Bâtardes

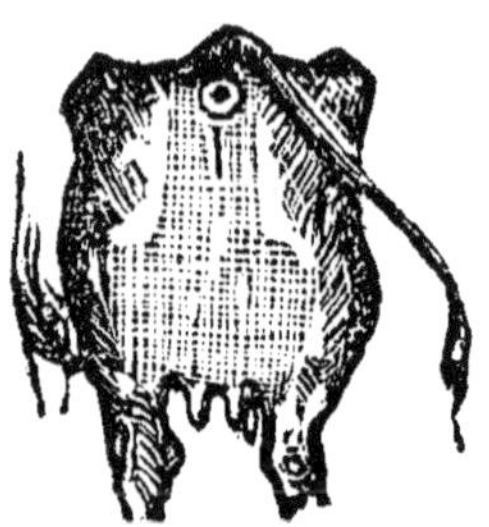

Les vaches laitières, n'importe à quelle taille qu'elles appartiennent, sont appelées *bâtardes*, parceque l'*écusson* est formé de poils, qui au lieu de monter verticalement vers la queue, se dirigent en travers sur la cuisse et sur les fesses et se hérissent comme la barbe d'un *épi* de blé ; en second lieu, elles ont un épi ovale dont la forme est celle d'un œuf, situé en haut sur la ligne médiane de l'*écusson*, à **12** centimètres loin du rectum.

Plus cet *épi* est grand, plus le lait se perd promptement ; quand il est petit, la perte est moins grande, mais elle n'en a pas moins lieu à mesure que la bête avance vers sa délivrance.

Cet *épi* est la seule marque qui fasse distinguer la bonne vache de la mauvaise.

VACHES LISIÈRES

Haute taille

Les *vaches lisières* sont appelées ainsi, parce que la forme de l'écusson diffère de celles des Flandrines.

1ᵉʳ ORDRE

Donnent 24 litres de lait par jour, elles le maintiennent jusqu'à ce qu'elles soient pleines de 8 mois et même jusqu'au vêlage, si on continue à les traire.

2me ORDRE

2me ORDRE

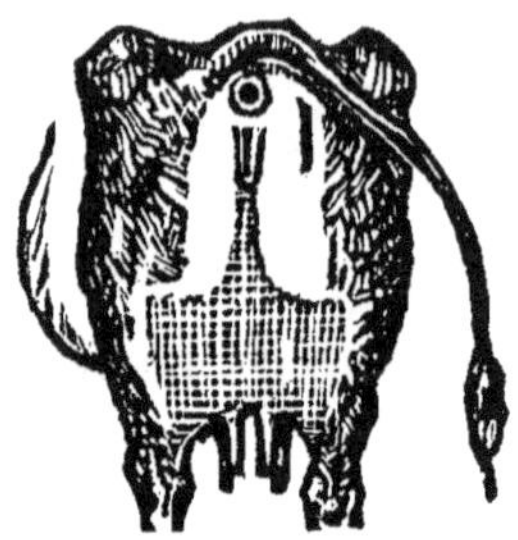

Donnent 20 litres de lait par jour, jusqu'à ce qu'elles soient pleines de 7 mois ; on remarque sous la queue l'*épi fessard*.

3me ORDRE

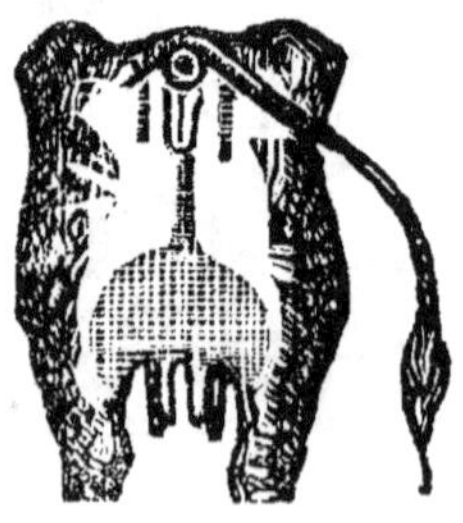

Donnent 16 litres de lait par jour, et le maintiennent jusqu'à ce qu'elles soient pleines de 6 mois ; elles ont deux épis fessards sous la queue.

4me ORDRE

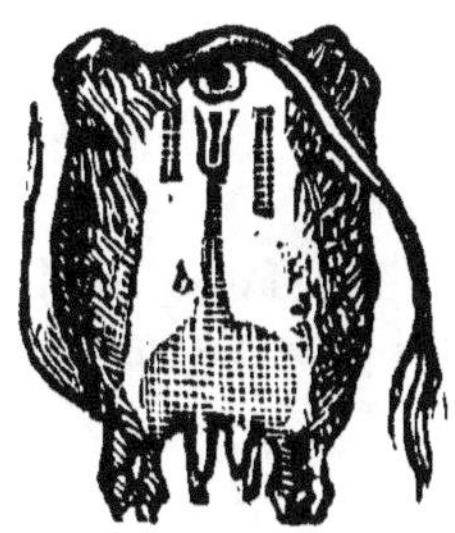

Donnent 12 litres de lait par jour et le maintiennent jusqu'à ce qu'elles soient pleines de 5 mois ; elles portent deux épis fessards plus grands que dans le 3me ordre.

Taille moyenne des lisières

1er ORDRE

Donnent 19 litres de lait par jour, durée 8 mois.

2me ORDRE

Donnent 15 litres de lait par jour, durée 7 mois.

3me ORDRE

Donnent 12 litres de lait par jour, durée 6 mois.

4me ORDRE

Donnent 9 litres de lait par jour, durée 5 mois.

Petite taille des lisières

1er ORDRE.

Donnent dans leur force de lait, 14 litres par jour et le maintiennent jusqu'à ce qu'elles soient pleines de 8 mois.

2me ORDRE.

Donnent 9 litres de lait par jour, durée 7 mois.

3me ORDRE.

Donnent 6 litres de lait par jour, durée 5 mois.

4me ORDRE.

Donnent 5 litres de lait par jour, durée 4 mois.

COURBES-LIGNES

On appelle *courbes-lignes* les vaches dont l'écusson, formé par le contre poil, ressemble à un cœur par sa partie haute.

1er ORDRE

Donnent 24 litres de lait par jour, et le maintiennent jusqu'à ce qu'elles soient pleines de 8 mois. Il est rare que cette classe-là n'ait pas un ou deux épis sous la queue.

2ᵐᵉ ORDRE

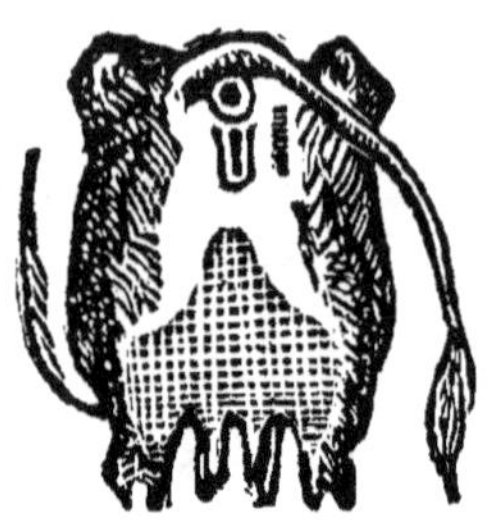

Donnent 20 litres de lait par jour et elles le maintiennent jusqu'à ce qu'elles soient pleines de 7 mois.

Ces vaches portent, presque toujours, un épi sous la queue.

3ᵐᵉ ORDRE

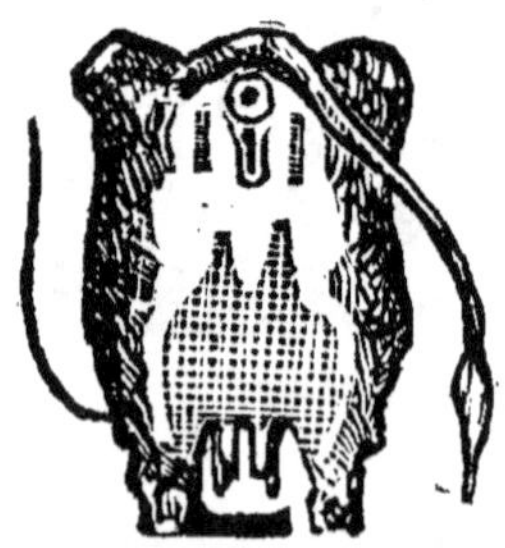

Donnent 16 litres de lait par jour, et elles le gardent jusqu'à ce qu'elles soient pleines de 6 mois. Elles portent deux épis fessards sous la queue.

Moyenne taille des Courbes-lignes

1ᵉʳ ORDRE

Donnent 17 à 18 litres de lait par jour, elles le maintiennent jusqu'à ce qu'elles soient pleines de 8 mois.

2ᵐᵉ ORDRE

Donnent 14 à 15 litres de lait par jour, et elles le gardent jusqu'à ce qu'elles soient pleines de sept mois.

3ᵐᵉ ORDRE

Donnent 9 à 10 litres de lait par jour, elles le gardent jusqu'à ce qu'elles soient pleines de 6 mois.

4ᵐᵉ ORDRE

Donnent 7 à 8 litres de lait par jour, elles le gardent 5 mois. Elles portent deux longs épis fessards sous la queue.

Petite taille des Courbes-lignes

1ᵉʳ ORDRE

Donnent 12 litres de lait par jour, elles le maintiennent jusqu'à ce qu'elles soient pleines de 8 mois.

2me ORDRE

Donnent 9 à 10 litres de lait par jour, elles le gardent jusqu'à ce qu'elles soient pleines de 8 mois.

3me ORDRE

Donnent 8 litres de lait par jour, elles le gardent jusqu'à ce qu'elles soient pleines de 6 mois.

Bâtardes des Courbes-lignes

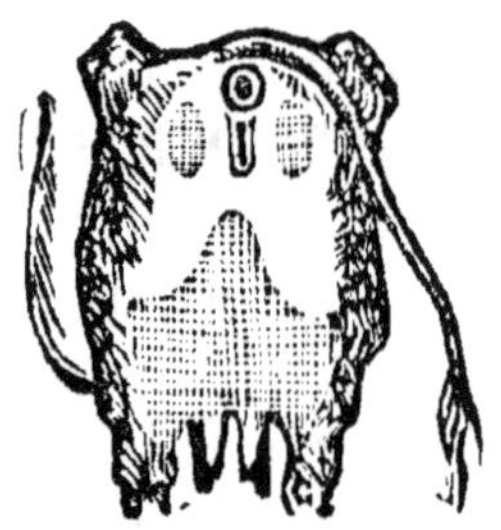

On appelle *vaches bâtardes* les vaches dont l'écusson porte sous la queue deux épis fessards de 10 à 12 centimètres de longueur sur 6 à 8 de largeur. Le poil de ces épis est gros et rude, ce qui dénote une vache bâtarde qui perdra son lait sitôt qu'elle sera pleine de nouveau.

VACHES BICORNES

Haute taille

On les appelle *vaches bicornes* parce que l'écusson est bifurqué, fourchu.

1er ORDRE

Donnent 24 litres de lait par jour, et elles le maintiennent jusqu'à ce qu'elles soient pleines de 8 mois ; elles portent 2 épis fessards sous la queue et deux autres ovales, au-dessus des trayons.

2me ORDRE

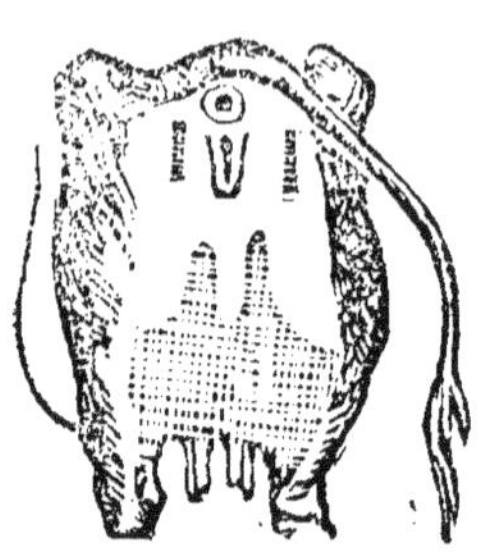

Donnent 20 litres de lait par jour, elles le gardent jusqu'à ce qu'elles soient pleines de 7 mois ; elles portent sous la queue deux épis fessards.

Moyenne taille des bicornes

1er ORDRE

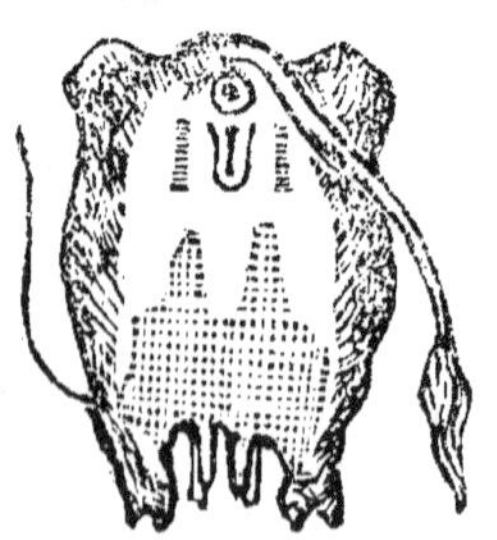

Donnent 17 à 18 litres de lait par jour, elles le maintiennent jusqu'à ce qu'elles soient pleines de 8 mois.

2me ORDRE

Donnent 12 à 13 litres de lait par jour, et elles le gardent jusqu'à ce qu'elles soient pleines de 7 mois,

3me ORDRE

Donnent 9 à 10 litres de lait par jour, et elles le gardent 6 mois.

Petite taille des bicornes

1er ORDRE

Donnent 12 litres de lait par jour, elles le gardent 8 mois.

2me ORDRE

Donnent 9 à 10 litres de lait par jour, elles le gardent 7 mois.

Bâtardes des bicornes

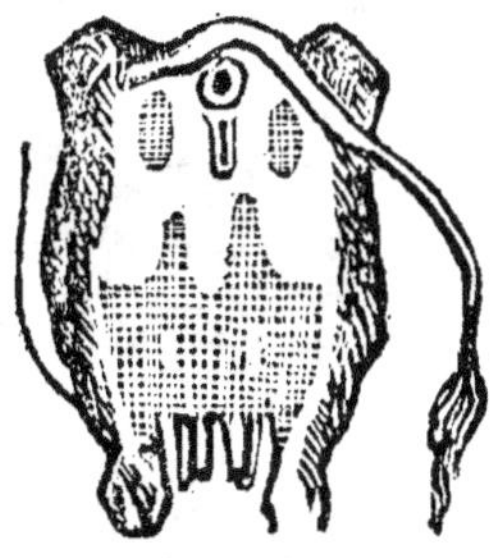

Les *vaches bicornes bâtardes* portent deux épis fessards beaucoup plus longs et plus larges que ceux des autres ordres francs.

Ces vaches donnent beaucoup de lait, mais elles ne le gardent pas, car elles le perdent sitôt qu'elles sont pleines.

———•—◦◦◦—•———

VACHES DOUBLE-LISIÈRES

Haute taille

1er ORDRE

Donnent 22 litres de lait par jour, elles le maintiennent en le diminuant néanmoins progressivement, jusqu'à ce qu'elles soient pleines de 8 mois.

2ᵐᵉ ORDRE

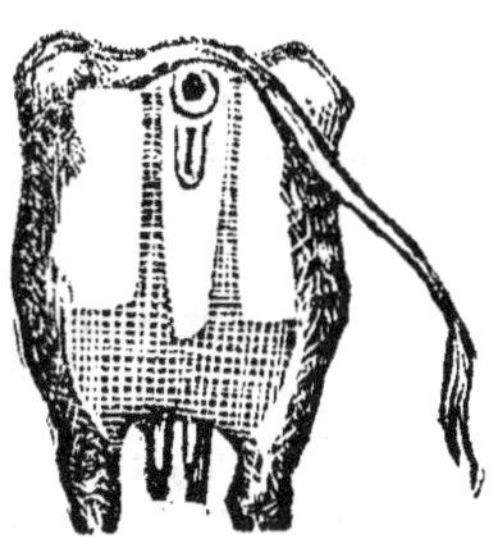

Donnent 16 à 17 litres de lait par jour, elles le gardent jusqu'à ce qu'elles soient pleines de 7 mois.

3ᵐᵉ ORDRE

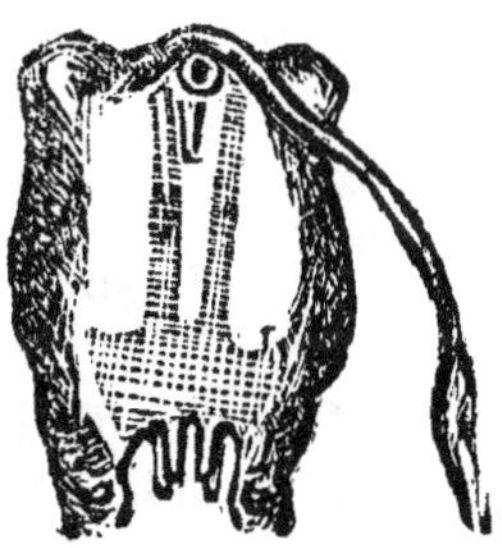

Donnent 12 à 13 litres de lait par jour, elles le maintiennent environ 6 mois après qu'elles sont pleines.

Je ne parle pas du 4ᵐᵉ et 5ᵐᵉ ordre, parce que ces vaches ne sont pas bonnes laitières.

Taille moyenne des double-lisières

1er ORDRE

Donnent 15 à 16 litres de lait par jour, elles le gardent 8 mois après qu'elles sont pleines.

2me ORDRE

Donnent 12 à 13 litres par jour, elles le gardent jusqu'à ce qu'elles soient pleines de 7 mois.

3me ORDRE

Donnent 8 à 9 litres de lait par jour, elles le maintiennent 6 mois.

Je ne parle pas du 4me ordre, elles sont trop mauvaises laitières.

Petite taille des double-lisières

1er ORDRE

Donnent 10 à 11 litres de lait par jour, elles le gardent 8 mois après qu'elles sont pleines.

2me ORDRE

Donnent 8 à 9 litres de lait par jour, elles le gardent 7 mois.

VACHES POITEVINES

Haute taille

On appelle *vaches poitevines* celles dont la forme de l'écusson ressemble à un pot de vin, qu'on appelle dame-jeanne.

1er ORDRE

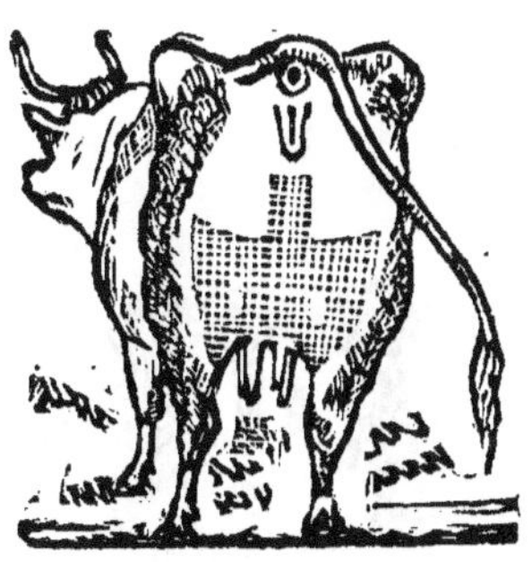

Donnent dans leur force 24 litres de lait par jour, elles le maintiennent jusqu'à ce qu'elles soient pleines de 8 mois, elles portent deux épis sous la queue.

2me ORDRE

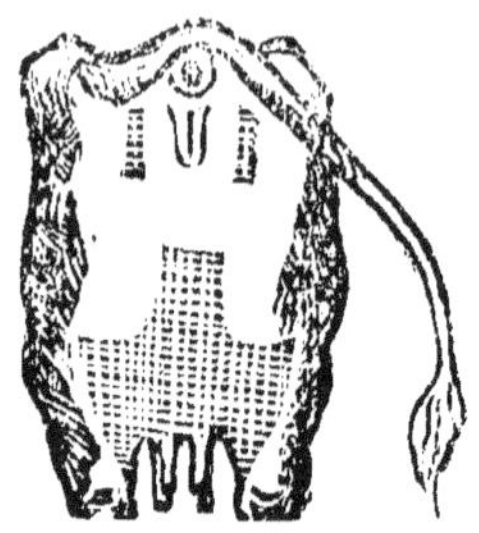

Donnent 18 à 20 litres de lait par jour, elles le maintiennent jusqu'à ce qu'elles soient pleines de 7 mois. Elles portent deux épis fessards sous la queue.

Taille moyenne des poitevines

1er ORDRE

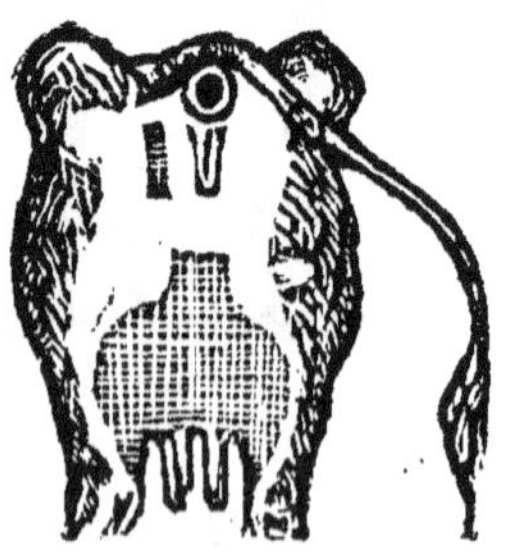

Donnent 17 à 18 litres de lait par jour, elles le gardent 8 mois.

2me ORDRE

Donnent 14 litres de lait par jour, elles le maintiennent 7 mois.

3me ORDRE

Donnent 17 à 18 litres de lait par jour, elles le gardent 6 mois.

Petite taille des poitevines

1er ORDRE

Donnent 12 à 13 litres de lait par jour, elles le gardent 8 mois.

2me ORDRE

Donnent 9 à 10 litres de lait par jour, elles le gardent 7 mois.

3me ORDRE

Donnent 7 à 8 litres de lait par jour, elles le gardent 6 mois.

VACHES CARRÉSINES

Haute taille

On appelle vaches *carrésines* celles dont la forme de l'écusson est presque carrée.

1er ORDRE

Donnent dans leur force de lait 19 à 20 litres par jour, elles le gardent 8 mois ; elles portent 2 épis fessards.

2me ORDRE

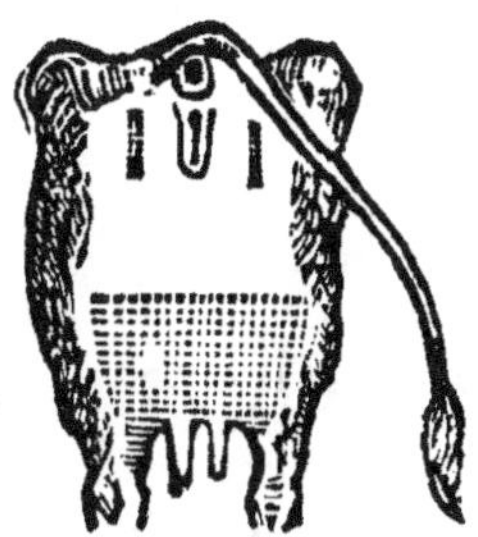

Donnent 15 à 16 litres de lait par jour, elles le gardent jusqu'à ce qu'elles soient pleines de sept mois ; elles portent sous la queue 2 épis fessards.

Les ordres 3, 4, 5, *sont si inférieurs*, que je n'en parlerai pas.

Taille moyenne des carrésines

er ORDRE

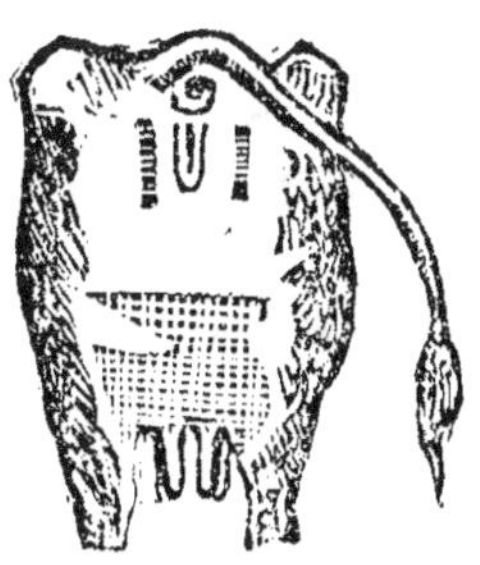

Donnent 15 litres de lait par jour, elles le maintiennent 8 mois après qu'elles sont pleines.

2me ORDRE

Donnent 10 à 11 litres de lait par jour, elles le gardent 7 mois.

Petite taille des carrésines

1er ORDRE

Donnent 10 litres de lait par jour, elles le gardent 8 mois.

2me ORDRE

Donnent 7 litres de lait par jour, elles le gardent 7 mois.

Les autres ordres sont tellement inférieurs, que je n'en parlerai pas.

PHARMACIE VÉTÉRINAIRE

PRÉPARATION DES REMÈDES LES PLUS USITÉS ET LES PLUS EFFICACES DU CODEX

Eau-de-vie camphrée

Prenez :

Eau-de-vie. . . . . 1 litre.
Camphre en poudre. . . . . 30 grammes.
Mêlez.

Usage contre les entorses, les foulures et les pansements de certaines plaies.

Vinaigre camphré.

Prenez :

Vinaigre. . . . . 1 litre.
Camphre en poudre. . . . . 30 grammes.
Mêlez.

Usage contre les entorses, les foulures, les contusions. Il produit des effets plus prompts, plus sûrs et plus efficaces que l'eau-de-vie.

Vinaigre parasiticide contre la gale du cheval et du bœuf.

Prenez:

Vinaigre fort . . . . 1 litre.
Euphorbe pulvérisé . . . . . . 64 grammes.

Mettez dans une bouteille de grès et laissez sur des cendres chaudes pendant 6 heures ; coupez les poils, nettoyez la peau du cheval et faites une forte friction.

Lotions contre la gale du cheval et du bœuf.

Prenez :

Soufre sublimé et lavé. . . . . . 60 grammes.
Huile de lin . . . . 240 »

Faites chauffer ensemble les deux substances à une douce chaleur, jusqu'à ce que le soufre soit dissous; après, retirez du feu et laissez refroidir. Par le refroidissement une partie de soufre se sépare, alors décantez l'huile qui nage. Elle est ainsi soufrée.

Usage. Cette huile est employée contre la gale récente.

Autre lotion contre la gale.

Prenez :

Tabac à fumer. . . . . 170 grammes.
Eau. . . . . 1 litre.
Faites bouillir une heure.

Ajoutez :

Carbonate de potasse . . . . . . 120 grammes.
Frottez l'animal partout où il y a gale.

Cette composition est excellente pour guérir la gale du cheval, du bœuf et du mouton ; on ne s'en sert pas pour le porc et le chien, le tabac les fait vomir ; elle est encore fort bonne pour tuer les poux.

Recette pour faire revenir le poil tombé par suite de gale, plaies, etc., chez les chevaux.

Prenez :

Onguent populeum	60 grammes.
Miel blanc.	60 »

Mêlez et frottez, deux fois par jour, quinze jours de suite, les endroits où le poil sera tombé ; si c'est en été, mêlez-y de la poudre d'aloës à cause des mouches.

Autre lotion contre les poux.

Prenez :

Staphysaigre en poudre.	32 grammes.
Eau.	2 litres.

Faites bouillir et employez.

Contre, vessigons, molettes, jardons, courbes, éparvins, capelets, etc.

Prenez :

Deuto-chlorure de mercure.	4 grammes.
Alcool rectifié.	31 »

Mêlez et appliquez, sans couper les poils, sur la

partie malade, avec une brosse courte, demi usée ou avec un pinceau de peintre.

Vous en mettez juste pour imprégner les poils et pénétrer la couche superficielle de la peau.

Avant d'appliquer le remède, frottez bien la partie avec une brosse.

L'effet du remède se produit vite, sans douleur ni irritation apparente. Toutefois, on voit survenir un engorgement léger suivi d'une exhudation à la surface de la peau et du hérissement des poils.

Après cela, 1, 2, 3 escarres se font et la peau s'indure. Tout cela dure 5 à 6 semaines, pendant lesquelles on ne fait rien ; mais après ce temps, on recommencera s'il le faut.

Contre genoux couronnés.

Prenez :

Onguent basilicum . . . . 30 grammes.
Camphre en poudre 10   »
Essence de Lavande. 5   »

Mêlez et appliquez sur les plaies récentes jusqu'à la guérison.

Injections contre le Coryza aigu et chronique du cheval.

Prenez :

Eau. . . . . 2 litres.
Alun de roche . . . . 30 grammes.

Gargarisme contre le mal de gorge,
(Angine du cheval et du bœuf).

Prenez :

Alun de roche . . . .   60 grammes.
Miel   120   »
Eau . . . .   1 litre.

Faites fondre l'alun dans l'eau et ajoutez le miel.

Gargarisme adoucissant.

Prenez :

Orge et guimauves de chaque . . . . .   1 poignée.
Eau . . . .   2 litres.
Faites bouillir 15 à 20 minutes et ajoutez :
Miel . . . .   2 cuillerées.

Employez dans l'inflammation de la bouche.

Collyre contre les vers de l'œil du bœuf.

Prenez :

Teinture d'aloës . . . .   30 grammes.
Eau de fontaine   30   »
Mêlez.

Maintenez haute la tête de l'animal, ouvrez les paupières et versez dedans une cuillerée à café de ce liquide ; lavez ensuite le pourtour de l'œil. Continuez ce traitement jusqu'à ce qu'on ne voie plus de vers.

Collyre contre l'inflammation récente et douloureuse des yeux.

Prenez :

Eau distillée. . . . . 330 grammes.
Sulfate de zinc. . . . . 4 »
Teinture d'opium simple. . . . . 15 gouttes.

Lavez l'œil de l'animal 2, 3, 4 fois par jour, jusqu'à la guérison.

Autre collyre contre la fluxion périodique.

Prenez :

Azotate d'argent . . . . 40 centigrammes.
Eau distillée . . . . 30 grammes.

Mêlez et faites des lotions sur l'œil et dedans l'œil, 2 fois par jour.

Lavements adoucissants.

Prenez :

Gros son de froment. . . . . 2 poignées.
Eau . . . . 2 litres.
Pavots . . . . 6 têtes.

Faites bouillir tout ensemble 15 minutes ; laissez refroidir jusqu'au tiède et administrez dans les inflammations accompagnées de diarrhée.

Autre lavement.

Prenez :

Lait de beurre . . . . 1 litre.
Eau d'orge . . . . 1 »

Mêlez et administrez au cheval ou au bœuf.

Pour mouton, porc ou chien 1/4 de litre.

Très bon contre les inflammations intestinales.

Autre lavement irritant contre la constipation opiniâtre du cheval.

Prenez :

Savon noir . . . . 62 grammes.
Sel de cuisine. . . . . 62 »
Eau . . . . 2 litres.

Faites dissoudre le savon, puis le sel et administrez.

Lavement contre les vers.

Prenez :

Feuilles d'absinthe. . . . . . . 2 poignées.
Savon vert . . . . 60 grammes.
Huile empyreumatique . . . . 60 »
Eau commune, bouillante. . . . 3 litres.

Versez l'eau bouillante sur les feuilles, laissez infuser une demi heure, coulez l'eau et délayez dans cette eau le savon et l'huile. Cela fait, administrez, réitérez s'il le faut

Lavement purgatif pour le cheval.

Prenez :

Aloës pulvérisé . . . . , 60 grammes.
Sulfate de magnésie . . . . . . 120 »
Miel . . . . 120 »
Eau chaude. . . . . 1 litre.

Délayez l'aloës dans l'eau chaude ; ajoutez le sel et le miel et administrez.

Breuvage adoucissant et calmant.

Prenez :

Graine de lin . . . . 1 assiettée.
Racine de guimauves . . . . . 1 jointée.
Pavots. . . . . 6 têtes.
Huile d'olives . . . . 120 grammes.
Miel. . . . . 4 cuillerées.
Eau . . . . 6 litres.

Mettez la graine de lin dans un linge, ensuite, ajoutez la racine de guimauves et les têtes de pavots et faites bouillir le tout pendant 20 minutes ; laissez refroidir jusqu'au tiède ; ajoutez l'huile et administrez 2 litres le matin à jeun au cheval ou au bœuf et le reste vous le donnerez dans la journée. Réitérez ce breuvage 2, 3, 4 jours et plus s'il le faut.

Excellent contre les inflammations du canal intestinal.

Breuvage contre l'enflure du bœuf et du mouton *(météorisation)*.

Prenez :

Huile d'olives, de noix ou de colza . . . . 3/4 litre.
Eau-de-vie. . . . . 1/2 »

Mêlez bien et faites avaler.

Pour les moutons un verre de ce mélange suffit.

Ce breuvage fait cesser promptement l'enflure récente causée par la luzerne et le trèfle.

Breuvage contre les inflammations aiguës du tube digestif de tous les animaux, la fourbure, etc.

Prenez :

Orge. . . . . 4 poignées.
Eau . . . . 4 litres.

Faites bouillir un quart d'heure.

Ajoutez :

Miel . . . . 4 cuillerées.
Vinaigre . . . . 2 verres.

Donnez à jeun 1 litre de ce breuvage le matin, au cheval ou au bœuf, et le reste dans la journée.

Aux moutons on leur en donne 2 verres par jour.

Breuvage contre le pissement du sang chez le bœuf.

Prenez :

Eau de Rabel . . . . 30 grammes.
Eau . . . . 1 litre.

Mêlez et administrez en **2** fois dans la journée.

Excellent quand il est administré dès le début de la maladie.

Après **12** heures de cette administration, l'animal ne doit plus pisser le sang. Alors on ne donne plus de ce breuvage, mais si au contraire il continue à faire le sang, on donne une autre dose et on l'augmente d'un tiers.

Breuvage contre les coliques violentes du cheval.

Prenez :

Eau. . . . . 1 litre
Graine de lin. . . . . 1 poignée.

Faites bouillir **20** minutes ; retirez du feu, laissez refroidir et ajoutez :

Extrait aqueux d'opium exotique . . 30 grammes.

Administrez la moitié de ce mélange, et si la colique ne cède pas au bout de **2**, **3** heures, vous donnerez l'autre moitié. Il faut faire **1** saignée, **2**, **3**, s'il faut, tous les **2** jours.

Breuvage contre la diarrhée et la dyssenterie du mouton et du chien.

Prenez .

Eau . . . . 1 litre 1/2.
Riz . . . . 15 grammes.
Pavots. . . . . 2 têtes.
Extrait gommeux d'opium . . . . 4 grammes.

Faites bouillir le riz et les têtes de pavots dans l'eau. Ajoutez l'extrait aqueux d'opium et administrez-en 3 breuvages, un par jour.

Breuvage contre le vertige essentiel et la diarrhée du cheval et du bœuf.

Prenez :

Eau de guimauves . . . . 2 litres.
Camphre en poudre . . . . 15 grammes.
Miel . . . . 240 »
Opium brut . . . . 8 »

Mêlez le camphre avec le miel, puis délayez le tout dans l'eau de guimauves et administrez en une seule fois ; réitérez ce breuvage le lendemain s'il le faut.

Breuvage contre le typhus des bêtes à corne.

Prenez :

Acetate d'ammoniaque . . 30, 60 et 90 grammes, selon la force de l'animal.
Infusion de sauge. . . . 1 litre.

Mêlez et administrez.

Breuvage purgatif pour le cheval.

Prenez :

Sirop de nerprum . . . . 120 grammes.
Aloës de barbade en poudre . . . . 10 »
Eau tiède . . . . 1 litre.

Délayez l'aloës dans l'eau chaude ; cela fait, ajoutez le sirop de nerprum et administrez à jeun.

Breuvage purgatif pour le bœuf.

Prenez :

Feuilles de séné. . . , ... 60 grammes.
Sulfate de magnésie . . . . . . 40 »
Bitartrate de potasse . . . . . . 4 »
Azotate de potasse . . . . 4 »
Miel . . . . 90 »
Eau bouillante de guimauves . . . 1 litre.

Versez l'eau bouillante de guimauves sur les feuilles de séné que vous laisserez infuser pendant 2 heures. Coulez le liquide et ajoutez les sels et le miel. Cela fait, administrez tiède en une seule fois.

Breuvage purgatif pour le chien.

Prenez :

Sirop de nerprum . . . . 60 grammes.
Eau tiède. . . . . 1/2 verre.

Mêlez et administrez à jeun.

Breuvage purgatif pour les poulins contre les maladies aiguës des articulations.

Prenez :

Sulfate de soude . . . . . . 100 à 150 grammes,
selon la force de l'animal.
Miel 125   »
Eau . . . . 1/2 litre.

Mêlez et administrez à jeun pendant plusieurs jours. Si l'articulation est bien douloureuse, frictionnez-la avec l'onguent populeum laudanisé.

Breuvage purgatif pour les jeunes veaux contre les maladies des articulations.

Prenez :

Sulfate de soude . . . . 90 grammes.
Miel 30   »
Eau . . . . 2 verres.

Faites fondre le sel et le miel dans l'eau chaude. Réitérez ce breuvage 2 fois par jour, pendant 3, 4, 5 jours. Frottez l'articulation d'onguent populeum.

Breuvage avec l'émétique contre la maladie dite des chiens.

Prenez :

Emétique . . . . 1 décigramme.
Eau . . . . 1/2 verre.

Faites dissoudre le sel dans l'eau et administrez-en une seule fois tiède.

Breuvage pour favoriser la mise bas des vaches et des juments.

Prenez :

Sommmités sèches de rue. . . . . . 60 grammes.
Vin vieux rouge . . . . 1 litre.

Faites bouillir le vin dans un pot. Plongez-y les feuilles de rue et retirez de suite du feu, laissez infuser 1 heure. Après cela coulez le liquide et administrez tiède.

Breuvage uterin pour faciliter la mise bas des brebis, des truies et des chiennes.

Prenez :

Extrait d'ergotine . . . . . . 1 à 2 grammes.
Eau miellée. . . . . 1/2 verre.

On fait dissoudre l'extrait dans l'eau miellée, et on administre immmédiatemeat
Le réitérer, s'il le faut, après 2 heures.

Breuvage contre la météorisation chronique des ruminants.

Prenez :

Racine de vératre blanc pulvérisé . . 15 grammes
      de valériane pulvérisé . . . 29   »
Infusion de camomille. . . . . . . 1/2 litre.

Mélangez les poudres dans l'eau de camomille et administrez à la bête atteinte d'enflure.

Breuvage contre le catarrhe des jeunes chiens.

Prenez :

Soufre pulvérisé . . . . . . 50 centigrammes.
Sel ammoniaque. . . . . . . 4 grammes.
Eau de guimauves . . . . . . 120 »

On fait fondre le sel ammoniaque; on ajoute le soufre et on administre 4 à 6 cuillerées par jour. Le chien atteint de cette maladie a un jetage abondant par le nez et une toux répétée.

POMMADES ET ONGUENTS.

Onguent populeum saturné.

Prenez :

Onguent populeum. . . . . . . 62 grammes.
Extrait de saturne . . . . 8 »
Mêlez.

Cette pommade est adoucissante et légèrement dessicative.

Autre pommade plus dessicative

Onguent populeum. . . . . . . 60 grammes
Extrait de saturne . . . . 15 »
Mêlez.

Employez contre les crevasses de la peau des chevaux.

Pommade de précipité blanc contre les dartres de toutes les variétés.

Prenez :

Précipité blanc . . . . 5 grammes.
Graisse . . . . 32 »

Mêlez et frottez.

Pommade de laurier.

Prenez :

Feuilles récentes de laurier . . . 500 grammes.
Baies de laurier . . . . 500 »
Graisse de porc. . . . . 1,000 »
Mêlez.

Cette pommade est émolliente et résolutive.

Pommade contre les dartres des paupières du bœuf et du cheval.

Prenez :

Soufre sublimé . . . . 20 grammes.
Sulfure de potasse . . . . 10 »
Chlorhydrate d'ammoniaque. . . . 10 »
Graisse . . . . 60 »

Mêlez pour faire la pommade.

Pommade iodurée contre les engorgements froids.

Prenez :

Iodure de potassium . . . . 60 grammes.

Dissolvez dans :

Eau . . . . 60 »

Mêlez avec 8 parties de graisse, recommandée contre les engorgements indolents.

En frictions, à la dose de 5 à 30 grammes.

Pommade fondante.

Prenez :

Onguent mercuriel double . . . . . 30 grammes.
   «   vésicatoire de Lebas . . . 30 »
Mêlez.

En frictions sur les grosseurs.

Pommade contre la gale du mouton.

Prenez :

Graisse . . . . 250 grammes.
Essence térébenthine . . . . 250 »
Mêlez bien (très efficace).

Onguent basilicum.

Prenez :

Poix noire.	300 grammes.
Poix résine	240 »
Cire jaune.	240 »
Suif	60 »
Huile d'olives.	1050 »

Mêlez selon l'art.

Cet onguent est résolutif et excitant. On l'emploie en frictions contre les œdèmes et les inflammations peu douloureuses ; on s'en sert aussi pour animer les setons.

Onguent fondant.

Prenez :

Térébenthine	150 grammes.
Deuto-chlorure de mercure. . . .	15 »

Mêlez selon l'art.

Cet onguent est un excellent fondant résolutif. Il résoud les engorgements chroniques des tendons, des articulations des parties inférieures des membres, des testicules, des tumeurs synoviales récentes et chroniques.

Autre onguent très-efficace

Deuto-chlorure de mercure	4 grammes.
Alcool rectifié	31 »

Mettez le chlorure mercuriel dans un mortier de

grès, réduisez-le en poudre fine ; ajoutez 8 grammes d'alcool ; triturez et versez la liqueur surnageante ; répétez la même opération aussi longtemps qu'il restera du sel à dissoudre.

Usage : contre *molletes, capelets, vessigons, suros, éparvins, courbes, jardons, etc.*

Appliquez sur le mal sans couper le poil avec un pinceau, en l'étalant comme de la peinture. La guérison a lieu après 6 semaines.

Manière de faire les cataplasmes avec la farine de lin.

Pour cela on fait bouillir de l'eau, et dès qu'elle bout, on y verse de la farine de lin, jusqu'à faire une bouillie un peu liquide. On met le tout sur un linge dont on relève les bords pour l'empêcher de couler, et on applique chaud sur le mal.

Manière de mesurer un bœuf

On place un bout de la ficelle sur le garrot, du côté gauche de l'animal ; on passe l'autre bout de la ficelle entre les deux jambes de devant du bœuf. Un aide prend ce bout et le fait remonter de l'autre côté de l'animal, le long du plat de l'épaule droite, et il réunit la ficelle à l'extrémité déjà placée sur le garrot. Le mesureur pincera la ficelle à l'endroit de la jonction, remarquera le point où se fait cette jonction et comptera le nombre des nœuds compris entre les deux extrémités de la mesure prise.

Pour arriver à la connaissance exacte du poids, on évalue à l'œil les fractions intermédiaires, si la jonction se fait entre les nœuds.

Il est indispensable que l'animal ne change pas de place pendant la mesure, et que ses jambes soient droites et sa tête dans sa position ordinaire.

ÉVALUATION DU POIDS DES BŒUFS
ou rendement net en viande.

Quand on veut acheter ou vendre un bœuf, il est bon de savoir apprécier son poids *net en viande*, afin de ne pas se tromper ou se laisser tromper, soit en vendant, soit en achetant.

Désirant que chacun atteigne ce but, nous allons donner la méthode ingénieuse que MATHIEU de DOMBASLE a publiée. Il la tenait lui-même d'un célèbre agriculteur.

On se procure une ficelle cirée et l'on y fait des nœuds distancés les uns des autres comme suit :

Le premier nœud se fait à 1 mètre 82 centimètres du bout de la ficelle : cette mesure correspond à celle d'un bœuf du poids de 175 kil. ou 350 livres.

Le second nœud à. . . . . 7 cent. 3 mill.
Le 3me nœud à. . . . . 7 » 2 »
Le 4me nœud à. . . . . 7 » 1 »
Le 5me nœud à. . . . . 6 » 3 »
Le 6me nœud à. . . . . 6 » 5 »
Le 7me nœud à. . . . . 6 » 1 »
Le 8me nœud à. . . . . 5 » 9 »

Ainsi la circonférence d'un bœuf de 350 livres étant de 1 mètre 82 centimètres,

Celle du bœuf de 200 kilog. sera 1 m. 89 cent. 3 mill.
Celle du bœuf de 225 kilog. sera 1 m. 96 » 5 »
Celle du bœuf de 250 kilog. sera 2 m. 3 » 6 »
Celle du bœuf de 275 kilog. sera 2 m. 10 » 5 »
Celle du bœuf de 300 kilog. sera 2 m. 17 » 0 »
Celle du bœuf de 325 kilog. sera 2 m. 23 » 1 »
Celle du bœuf de 350 kilog. sera 2 m. 20 » 0 »

Voici le rapport du poids brut de l'animal avec le rendement en viande et en suif.

Chez un animal en chair, mais qui n'a pas encore pris graisse ; il y aura :

Par chaque 100 liv. de son poids 52 à 55 liv. de viande
et . . . . 4 à 5 » de suif.
Dans un bœuf demi gras . . . 55 à 60 » de viande
et . . . . 5 à 8 » de suif.
Dans un bœuf fin gras. . . . 60 à 65 » de viande
et . . . . 6 à 12 » de suif.

Il faut compter en général 10 litres de peau par 100 livres. Plus l'animal est petit et maigre, plus la proportion de peau est forte.

TABLE DES MATIÈRES

	Pages
De l'irritation	13
De l'inflammation	13, 14

MALADIES DES CHEVAUX

Maladies des chevaux	15 à 60
Angine (mal de gorge)	15, 16
Aphtes (mal à la bouche)	16
Anthrax (bubon, charbon)	17, 18
Avives	18, 19
Abcès	19, 20
Arachnoïdite (vertige)	20, 21
Atteintes (coups, blessures, contusions)	21, 22
Avant cœur (grosseur au poitrail)	22, 23
Bronchite (maladie du canal de la respiration)	23, 24, 25
Boiterie	25, 26
Coliques	26
La colique d'estomac	26, 27
Colique causée par pelote stercorale	27, 28
Constipation	28, 29
Catarrhe nasal (coryza)	29, 30
Crevasses	30, 31

	Pages
Eaux aux jambes.	31
Fics à la fourchette.	31, 32
Ecart, effort, entorse	32, 33, 34
La forme.	34
Echauffement de la fourchette.	34, 35
Porreaux	35
Cerises	35, 36
Oignons.	36
Bleimes.	36, 37
Sole foulée	37
Sole battue	37, 38
Clou de rue.	38
Pied serré par les clous.	38
La retraite.	38, 39
Pied comprimé	39
Sole échauffée.	39, 40
Pied affaibli	40
La sole brûlée.	40, 41
Eparvin osseux	41
La courbe	41, 42
Capelet.	42
Jardon.	42
Molette.	43
Vessigons.	43
De la fourbure	43, 44
Jaunisse (mal du foie, ictère)	45
Gale (roux vieux).	45, 46
Gastro-entérite (maladie de l'estomac, des intestins)	46, 47
Indigestion venteuse.	47
Péritonite	48
Pousse	48, 49

	Pages
Suros.	49
Morve	49, 50
Ophtalmie (maladie des yeux)	50, 51
Fluxion périodique	51
Farcin	52
Entérite suraiguë	52, 53
Coup de soleil.	53, 54
Maladies de poitrine (pleurésie).	54, 55
Paralysie	55, 56
Des plaies	56
Pansement des plaies par instrument tranchant	57
Pansement des plaies par contusion	57
Plaies par instrument piquant (épée, fourche, bayonnette, croc de fer, clou, tesson, etc.	58
Plaies suppurantes	58
Des vers	59
Gourme	59, 60

JURISPRUDENCE VÉTÉRINAIRE

Maladies. -- Vices rédhibitoires	61, 62, 63
Pour le cheval, l'âne et le mulet	61
Pour le bœuf	62
Pour les moutons	62
Formule d'une requête au juge de paix	63

Pages

Choix d'un bon cheval 64, 65

Noms des parties extérieures du cheval (avant-main, corps, arrière-main). .   66, 67

Qualités essentielles des parties extérieures qui composent le cheval (la tête, l'encolure, le garrot, le poitrail, le dos, les flancs, le ventre, la croupe, la queue, les épaules, l'avant-bras, le coude, le genou, le canon, le boulet, le paturon).   67 à 71

Défauts des jambes de derrière (de la hanche, des fesses, des jarrets). . .   71, 72

Du pied. 72

Pied plat 72

Pied comble 73

Pied encastelé 73, 74

Tableau indiquant les défauts du cheval.   75

MALADIES DES RUMINANTS

Bœufs . . . . 77 à 100

Angine. 77, 78

Angine croupale. 78

Cocote (fièvre aphteuse) 79

Catarrhe nasal (coryza) 79, 80

Catarrhe des cornes 81

Diarrhée des bêtes à corne 82

Maladie de l'estomac (faiblesse, atonie) . 82, 83

Indigestion avec surcharge d'aliments. . 83

	Pages
Indigestion venteuse	83, 84
Indigestion laiteuse des jeunes veaux. .	84, 85
Maladie des intestins (entérite). . . .	85, 86
Maladie de poitrine.	86
Pommelière (phythisie pulmonaire) . .	87
Epilepsie (mal caduc).	87, 88
Paralysie des reins	88
Eléphantiasis (fièvre angioténique) . .	89
Fractures des cornes	89, 90
Maladie de la matrice (métrite).	90
Inflammation de la matrice, après le part	90, 91
Boiterie, entorse (efforts d'onglons, du boulet)	91, 92
Efforts d'épaule, de la cuisse.	92, 93
Mal aux yeux	94
Engorgement (œdème du fanon) . . .	94, 95
Des Kistes (grosseurs dures et froides) .	95, 96
Sole foulée engravée	96
De la fourbure	97
De la gale, des dartres.	97, 98
Piqûre des tendons du pied	98
Limace.	99
Javart interdigité	99, 100
Moutons	101 à 108
Indigestion simple du mouton	101, 102
Indigestion venteuse (météorisation) . .	102
Inflammation des intestins (gastro-entérite du mouton).	1 03
Maladie du foie (cachexie aqueuse du mouton, pourriture).	104, 105
Sang de rate (maladie du sang) . . .	105
Boiterie du mouton (cocote, piétin) . .	105, 106

	Pages
Gale du mouton.	106
Pommade contre la gale du mouton	106
Bains contre la gale du mouton.	107
Catarrhe vésical (genestade)	108

MALADIES DU PORC

	Pages
Du porc	109
Angine (mal de gorge)	109
Charbon à la langue	110
Signe de la soie.	110
Signes du chancre-volant.	110, 111
Engravée.	111
Mal caduc	111
Poux du porc	112
Petite vérole du porc	112
Pourriture des soies du porc	113
Gale du porc	113
Maladie de poitrine	113, 114
Maladie des intestins (entérite aiguë)	114
Constipation du porc.	115
Pâtée restaurante et ferrugineuse pour le porc.	115

MALADIES DES CHIENS

	Pages
Du chien.	116
Maladie dite des chiens	116, 117

Pages

Paralysie du chien 118
Rhumatismes 118
Constipation du chien 119
Fourbure du chien 119
Toux du chien 119, 120
Agravée 120
Gale du chien 120, 121
Rage du chien 121
Bronchite chez le chien 121, 122

MALADIES DE LA VOLAILLE

De la volaille 123
Pépie des poules 123
Toux des poules 123, 124
Vermine, poux 124
Goutte de la volaille 125
Maladie du croupion 125
Maladie des oies 125, 126

VACHES A LAIT

Vaches à lait 127, 128
Ecusson 128
Epis 129
Epi ovale 129
Epi fessard 129, 130

Pages

Epi babin 130
Epi vulvé. 130
Epi bâtard 130
Epi cuissard 131

VACHES FLANDRINES

			Pages
Haute taille	1er ordre.		131, 132
«	2e «		132
«	3e, 4e «		133
«	5e «		134
Moyenne taille,	1er, 2e, 3e, 4e, 5e, ordre.		134, 135
Petite taille,	1er, 2e, 3e, 4e, ordre.		135
Vaches flandrines bâtardes. .			136

VACHES LISIÈRES

			Pages
Haute taille	1er	ordre.	137
«	2e, 3e	«	138
«	4e	«	139
Moyenne taille	1er, 2e, 3e, 4e	«	139
Petite taille	1er, 2e, 3e, 4e	«	140

COURBES-LIGNES

			Pages
Haute taille	1er	ordre.	141
«	2e, 3e	«	142
Moyenne taille	1er, 2e, 3e, 4e	«	143
Petite taille	1er, 2e, 3e	«	143, 144
Courbes-lignes bâtardes . .			144

VACHES BICORNES

			Pages
Haute taille	1er	ordre.	145
«	2e	«	146
Moyenne taille	1er	«	146
«	2e, 3e	«	147
Petite taille	1er, 2e	«	147
Bicornes bâtardes.			147, 148

VACHES DOUBLE-LISIÈRES

Haute taille,	1er	ordre.	148
«	2e, 3e	«	149
Moyenne taille	1er, 2e, 3e	«	150
Petite taille	1er, 2e	«	150

VACHES POITEVINES

Haute taille	1er	ordre.	151
«	2e	«	152
Moyenne taille	1er	«	152
«	2e, 3e	«	153
Petite taille	1er, 2e. 3e	«	153

VACHES CARRÉSINES

Haute taille	1er	ordre.	154
«	2e	«	155
Moyenne taille	1er	«	155
«	2e	«	156
Petite taille	1er, 2e	«	156

PHARMACIE VÉTÉRINAIRE

Pages

Préparation des remèdes les plus usités et les plus efficaces du Codex . . . .   157 à 177

Vinaigre parasiticide contre la gale du cheval et du bœuf   158

Lotions contre la gale du cheval et du bœuf 158, 159

Recette pour faire revenir le poil tombé par suite de gale, plaies, etc., chez les chevaux.   159

Contre, Vessigons, Molettes, jardons, Courbes, Eparvins, Capelets, etc . .   159, 160

Contre genoux couronnés   160

Injections contre le coryza aigu et chronique du cheval.   160

Gargarisme contre le mal de gorge (angine du cheval et du bœuf). . . .   161

Gargarisme adoucissant.   161

Collyre contre les vers de l'œil du bœuf   161

Collyre contre l'inflammation récente et douloureuse des yeux   162

Lavements adoucissants 162, 163

Autre lavement irritant contre la constipation opiniâtre du cheval . . .   163

Lavement contre les vers   163

Lavement purgatif pour le cheval. . .   164

Breuvage adoucissant et calmant. . .   164

Pages

Breuvage contre l'enflure du bœuf et du mouton (météorisation). . . .   165

Breuvage contre les inflammations aiguës du tube digestif de tous les animaux, la fourbure, etc   165

Breuvage contre le pissement du sang chez le bœuf.   166

Breuvage contre les coliques violentes du cheval.   166

Breuvage contre la diarrhée et la dyssenterie du mouton et du chien.   167

Breuvage contre le vertige essentiel et la diarrhée du cheval et du bœuf. . . .   167

Breuvage contre le typhus des bêtes à corne   167

Breuvage purgatif pour le cheval. . .   168

Breuvage purgatif pour le bœuf . . .   168

Breuvage purgatif pour le chien . . .   168

Breuvage purgatif pour les poulains, contre les maladies aiguës des articulations.   169

Breuvage purgatif pour les jeunes veaux, contre les maladies des articulations .   169

Breuvage avec l'émétique, contre la maladie dite des chiens   169

Breuvage pour favoriser la mise bas des vaches et des juments.   170

Breuvage utérin pour faciliter la mise bas des brebis, des truies et des chiennes   170

Breuvage contre la météorisation chronique des ruminants   170

	Pages
Breuvage contre le catarrhe des jeunes chiens	171
Pommades et onguents	171 à 175
Onguent populeum saturné	171
Pommade de précipité blanc contre les dartres de toutes les variétés	172
Pommade de laurier	172
Pommade contre les dartres des paupières du bœuf et du cheval	172
Pommade iodurée contre les engorgements froids	173
Pommade fondante	173
Pommade contre la gale du mouton	173
Onguent basilicum	174
Onguent fondant	174, 175
Manière de faire les cataplasmes avec de la farine de lin	175

EVALUATION DU POIDS DES BŒUFS

Manière de mesurer un bœuf et d'avoir son rendement net en viande et en suif	176 à 178